自然農法

一反百姓のすすめ

福岡正信

Fukuoka Masanobu

緑の哲学

農業革命論

春秋社

怒髪
天つき
雨雲
さわぐ
大地たゝいて
蛙が
踊る

名もない
花の
咲くところ
私の
神様
住む
小鳥
かわいい
私の
神様だ

田植した普通の稲

田を耕すこともなく
肥料も施さず
農薬もつかわず
自然にできた
この一株の稲は

不耕起直播の自然稲

科学の力を否定し
人間の知恵の無用を示す
稲の中にすべてがあった

クローバー草生の稲作

播種期
クローバーの中に籾をばらまき
クローバーを刈り倒して数日湛水する

稲分蘖期
再生したクローバーの
中で稲は生育する

稲の成熟期
多収穫も可能な野生種

いね

クローバー草生の稲作

強大な野生稲の穂

理想的な稲の姿態

分蘖最盛期

米麦連続不耕起直播

麦刈跡に、不耕起のまま籾を点播して、麦わらで被覆している状況

麦の成熟期に、麦の頭から籾種をばらまいて、麦刈後麦わらを散布しておいただけの稲の生育状況

むぎ

米麦連続不耕起直播

米麦連続不耕起直播の裸麦
稲刈前に、麦種を稲の頭からばらまいて、稲刈後に稲わらを全面に被覆しただけの麦作り

分蘖（けつ）期
稲刈跡に、不耕起のままで麦種を点播し、稲わらを散布した麦作り

成熟期

果樹

旧園
自然農法にきりかえて三十年

自然農法によって開園した新園▼
雑草草生から、クローバー草生に移行している頃の状況

果樹

自然農園　旧園

遠景の一部（3ヘクタール）

クローバーとモリシマアカシアのある園

みつ蜂（20群）

果樹

自然農園　◆クローバー草生◆

クローバー草生1年目

クローバー草生２年目

クローバー草生3年目

自然農園の樹型

自然形の温州みかん

自然形の甘夏柑

果樹園内のばら蒔き野菜

▲野草化栽培
野菜の果樹園内の野草化栽培の状況。秋、みかん山の雑草の中にばらまきされた大根、かぶ、高菜、芥子菜等の野菜栽培

◀園内や畦畔で生育する野菜
しゃくし菜、高菜、大根、人参など

開園　新園

◀樹間栽培といえる状況から、次第に雑草草生に移行して、ススキやワラビの繁茂が激しくなると、年２回の下刈が必要になる

松や雑木を伐採した跡に、植穴だけを掘って、みかん苗を植込んでいる状況▼

▶みかん植付け後２～４年頃が最も雑木の発生が盛んで、みかんより雑木の方が高く繁っている

幼木時代　新園

▲みかん植付け後５～６年で、雑木の発生は減少するが、草丈の高い雑草が繁茂する

◀７～８年で、軟かい草が多くなる。この頃からクローバー草生に移行していくのがよい

▲新園の遠景

自然農園

現況　新園

開園25年後
温州、甘夏、文旦混植

一本仕立の自然形

理想的自然形

はじめに――国民皆農

私の自然農法が早く理解され、国民皆農が実践されるようになれば、私の理想国家の夢も実現するのだが。そのためには、為政者の社会機構の改革が断行されねばならない。

だが『わら一本の革命』は、日本ではまだ私ひとりの夢物語でしかない。

しかし、私は単純にこう考えている。

人々が、車や飛行機を乗り回し、あくせく働いても、何の意味もなかったことを知り、自分が生きるだけの食物を作り、食っちゃ寝、食べちゃ寝るだけの生活に満足するようになれば、すべては一挙に氷解する。

そういう村づくり、国づくりでできた理想の国では、宗教家や政治家、兵隊はいらない。

(1)人間の知恵はいらず、自然から学ぶだけだから学校はいらない。
(2)小鳥が神、自然が神様と信ずれば、神社も教会もいらない。
(3)自然の中で、自然食を食べておれば、病気知らずで病院もいらない。
(4)山の中で、いろりの生活をすれば、電気も水道もいらない。
　ゴミもないから公共事業もない。
　当然、役所もいらない。
(5)役人もおらねば、税金もいらない。
(6)豊かな自然さえあれば、物や金を貯える必要もないから、貧富の差のない社会になり、盗人も警察も兵隊もいらない国になる。

(7)強いている者といえば、イソップ物語にでてくる王様か、イワンの馬鹿ぐらいだろう。
何もすることのない国だから何もしないように見張っている、かかしの王様がよい。

(二〇〇一年一一月一五日「週刊農林」より抜粋)

目次

緑の哲学　農業革命論

（一）農業の源流

私は、ここに「緑の哲学　自然農法の理論と実際」の再版に当って、改めて農業の源流をたずね、破局に向って転落する農民のために、日本の、否、世界の水田農業の革命を意図した農耕法を発表し、あわせて国民皆農について述べる。

その前に「現代とは何か」「人間は何を為すべきか」について愚見を述べ、私の願望が奈辺（なへん）にあるかを明らかにしたい。

何もしない運動

人類の未来は今、何かを為すことによって解決するのではない。
何もすることとは、なかったのである。
否！　してはならなかった。
強いて言えば〝何もしない運動〟をする以外にすることはなかった。
今まで人類は多くのことを為してきたが、何を為し得ていたのでもなかった。
一切は無用であった。
この書は〝何もしない運動〟の一環である。

現代とは何か

人間とは何か。人間は地上で知り、考えることのできる唯一の動物であると自負してきた。そして、人間自身を知り、自然を知り、自然を利用でき、智は力であると過信するようになった。人間は、自らの手で欲するものすべてを獲得することが可能であると……

そして、人間は自然科学の発達、物質文明の遠心的な拡大に向かって直進してきた。人間は自然に出発しながら、次第に自然から離反してゆき、やがて自然の反逆児として人間独自の文明を築いてきた。

だが、期待した巨大都市の発達や、人間の文化的、経済的活動の急激な膨張が人間にもたらしたものは、人間疎外の空しい喜びであり、自然の乱開発による生活環境の破壊でしかなかった。

自然から遠離し、自然を略奪してきた報いは、資源の涸渇、食糧危機の形で現れ、人類の未来に不吉な影を落すようになった。

ようやく、事の重大さを知った人間は、今、何を為すべきかを真剣に考え始めたが、真の反省をなし得ないため、進路をかえることはない。

現代人が数十年、数百年後の未来に期待しているものは、地球はおろか宇宙空間を自由自在に飛び廻っての活躍であろうが、人間が大地を離れた空間と時間の中にも、自由奔放な生活と高度の文明を築きうると思うのは、蜃気楼にしかすぎない。

自然から孤立した人類の生命と、魂の発展の源泉は涸れはてて、生活は空虚となり、ただ寸刻の時間と空間を争う焦燥と怒号、汚濁の奇怪な文明の中に憔悴（しょうすい）してゆくのみである。

〝為す〟ことによって、物質文明の拡大を計る時代は終末をむかえ、〝何もしない〟凝結、収斂（しゅうれん）の時代が到来しているのである。

魂の復活に始まる新たな精神文化の確立を急がねばならぬ秋（とき）がきている。

なぜ何もしなくてよいか。

人は知らず

そもそも人間が、自然を知り、自然を利用し、人間の文明を築きうると考えたのが錯誤である。

元来、人間の〝知る〟は、ものごとを知り明らかにするものではない。人知は分別知にしかすぎず、認識を可能にするものではなくて、人間の心を分裂せしめ、迷いを深めるのに役立っているにしかすぎない。

したがって、知るに始まって形成される人間の智恵が、錯誤の智恵となり、倒錯の価値観をうみ、その行為は虚妄の科学文明を育成することに役立ったのみである。

人間は何を知りうるものでもなく、何かをなしえたのでもない。

人間のみている自然は虚妄の自然である。

人間は緑の葉一枚、一握りの土を永遠に知ることはできない。人間は本当に緑を、土を、真に知り理解しうるのではなくて、知識の集積による人智によって解釈した緑を、土を理解しているにすぎない。

したがって、人間が自然の懐に還ろうとしても、自然を利用したとしても、それはどこまでも自然のほんの一部、いわば死んだ一片に触れたにすぎず、生きている自然の本体とは無縁のもの、虚妄をもてあそんだにすぎない結果に終る。

もともと人間は、造物主でもなければ、万物の霊長でもない。何一つ知ることができず、何一つ為すこともできないのに、すべてを知り、何でもできると思いこんでいる驕者にすぎない。地球を支配している暴君である。自然の摂理も、秩序も無視して、我儘勝手に、自然を利用し、意のままに破壊し、あるいは復元も間違いなくやれるものと考えているのである。

だが、人間のすることは道化役者の喜劇にすぎない。不幸は、自らの道化を道化と気づかず、支離滅裂の行為に不安を感じないことである。

地球は、動植物や微生物、無生物の有機的連鎖関係をもった共同体であり、人間の目でみれば、共存共栄の姿にもみえ、弱肉強食の世界ともみえる。彼らの間には、食物連鎖があり、物質循環があって、とどまることのない不生不滅の流転がくり返されている。

この物質の流転や、生物界の輪環の有様を分解し、追求して、彼らの世界に混乱と破壊をもたらしているのが科学者である。

人間は、ノミ一匹、ハエ一匹を造り、統御し得ないことを知りながら、無限、無数の動植物の中に割り込んで、指揮棒をふり始めたのである。

自然界の秩序を守り、バランスをとるという名目のもとで、だがこれほど愚劣な夢物語はなかった。

その事例は、あまりにも多い……。

リンゴの樹に、激毒剤を撒布して、訪花昆虫の蜂やあぶを全滅させておいて、今度は蜜蜂の代わりに人間が、花粉を採集してまわり、一つ一つの花に花粉をつけてまわる、人工授粉光景は、喜劇というより悲劇である。

幾十万の昆虫や、幾百万の動物の代りを、人間がやりおおせるものでないことは、わかりきったことなのに、一つ一つの昆虫を研究して、彼らの代役をやろうとしているのが人間である。

科学者はネズミを研究している。人間はネズミを絶滅さすこともできねば、させてもならない。また調和をとるのもナンセンスである。

ネズミと樹木や作物の関連を飼料の点から研究したり、ネズミの生態学的研究結果から殺鼠剤の使用法を開発したりする。また天敵の有効な利用を考え、蛇やイタチを放ったりする。

だがネズミがどうして猛烈な繁殖を始めたかの第一原因を知りえないかぎり、人間はネズミを殺滅することも、統御することもできない。

人間の目では、ネズミが大繁殖したのは、自然のバランスが崩れたからか、自然のバランスを維持するためかすら判明しないまま、その時、その場に適合した対策をとってきたにすぎない。自然の本当の流転に対し、責任をもった行動をしているのではない。

人間が一種類の蝿、一種類の蜂を絶滅したとすれば、その時人間は自然のバランスに対して、戦慄すべき破壊をもたらしたと考えるべきである。そもそもネズミが果たしている役割を知りうるだろうか。一種類の蝿や蜂ですら、伝染病を媒介する害虫であると決めつけたり、腐敗物を処理してくれる益虫と断じてもならない。

この小昆虫や小動物が地上で果していた役割りのすべてを、人智で知ることも、人智で補うこともできない。この事を考えないでむやみに殺してみたり、生かしてみることは、ただいたずらに自然の混乱に拍車をかけるだけである。

緑の守護になると思われている山林の植樹でさえも、大きな目でみれば自然の破壊ともいえる。

雑木の名のゆえに伐採されて、人間に価値のある杉や松が盛んに植えられて、樹木が増したと思うのは、人間の勝手な近視的判断である。

山林の樹種の質的な改変は、山林土壌の質的な改変につながり、山林に住む動植物の質的な変化を惹起し、温度や空気の質にも影響していって、気象を変えていくことも考えられる。

全く問題がなさそうにみえる人間の善行も、自然のバランス破壊につらなる問題といえる。

雑木を切り、山に杉の木を植えたことが、小鳥の餌の欠乏をきたし、小鳥がいなくなって松喰虫が繁殖し、松が枯れて笹が繁茂し、笹の実が豊かにできて、ネズミの食料となり、山ネズミが繁殖して、今度は杉の木をかじり始める。人間は智恵をしぼってネズミの毒殺を計る。ネズミが少なくなったとき、彼らを餌としていたイタチや蛇も少なくなる。今度はイタチを保護するため、餌になるネズミの飼育を始める……これは混乱した狂人の白昼の夢である。

人間は地球の番人になったつもりだろうが、人間は宇宙の造物主でもなければ、支配者にもなりえない。浅はかな智恵をもった近視眼者でしかなかった。しかも刃物をもった狂人が人間である。人間ほど利口な動物もいないが、これほど困った動物もいない。人間の愚かさに気付いた一部の人々が自然復帰を目ざしているが……。

いくら人間が四季春秋の花木で部屋を飾り、美しい自然を画布に描いても、街に自然賛歌を流してみても、人間が自然に還ることはおろか、自然の心をうかがうこともできない。それのみか虚偽の自然の中にはぐくまれた人間の知、情、意は、自然の離反に役立っても、真の自然との融合に役立つものにはなりえない。

したがって人間が苦慮し何かを為すことによって、自然をとりもどそうとすればするほど、自然は遠ざかり人間は宇宙の孤児となる一方である。

自然に還り一木一草の心（神）を知ろうとするとき、人智で自然を解読する必要は何もなかった。人智は無用である。無意、無為、無策でよかった。

人智による虚妄の自然界から脱出するためには、無心になってひたすら真の自然即絶対界への復帰を願う以外に方法はない。

否、願望することもない。祈ることもない。……ただ無心に、ただ大地を耕してさえおればよかったのである。

為すことはなかった。何もしなくても万物は人間の手中にあり、歓びの法悦は心中にあった。

何もしなくてもよい（平気でおれる）人間を造るため、何もしなくてもすむような社会を造るため、いままで為してきたことをふりかえり、砂上の楼閣にすぎない人間の偶像を一つ一つ消滅してゆく……。

これが〝何もしない運動〟である。

人間ほど利口な動物もいないが、人間ほど馬鹿な動物もいない。

人間は利口な動物であるが、利口なことをせねばならなくなったのは、人間が馬鹿である証拠である。

山に木を植え、穀物を作り、豚を飼うのは馬鹿の中でも初等科の馬鹿である。大学を出た馬鹿は、海底からくみ出した石油を燃料とし、石油蛋白から肉や脂肪を造る。そして、無からすべてを造り出したような顔をするものである。

聖書の中で、種は播かずとも鳥は啄み……といったキリストは大馬鹿のなまけ者に違いない。

本当の大馬鹿は、山に木を植えたり、穀物を播いたり、豚に餌をやることさえしないだろう。そんな利口なことをせねばならぬ必要はない。利口なのは損だと知っていたからだろう。学ぶ必要もなく、利口になる必要もないと断言する者こそ、ほんものの大馬鹿である。

昔は「百姓は馬鹿でもできる」といった。むしろ「馬鹿でなければやれない」というべきだろう、利口なことをやらなかったから、損をしないで、幾百年も幾千年も百姓は永続き(ながつづき)できたのである。

近代農業が盛んになってからは「百姓は馬鹿ではできない」といわれだした。

確かに、馬鹿ではもうける術を知らない。ところが、馬鹿でできない農業が盛んになった時から、農民はもうけ損ねて潰滅に瀕したのである。馬鹿な百姓だったら、何もしない。何もしない農業なら、得もしないが損もしない。損得に関係ない気楽な農業、それが農業のもともとの姿であった。馬鹿でなければやれない農業、実はそれが自然農法の道であり、農業の源流であったのである。

釈迦やキリストは、馬鹿になっても平気で生きてゆけることを知っていた。大馬鹿になり切ったイワンの馬鹿である。

馬鹿になって百姓になろう。

ノアの箱舟を造るために！

それしか方法はない。

農民の歴史

いつの時代でも、農民は支配者の側にはたたないで、ただ服従して奉仕する側にたっていた。

そして歴史が変ったといっても、支配する側の人らが変化していったにすぎない。百姓はいつの時代でも、同じ百姓であった。農民自身の考え方、見方、やり方は世界中どこへ行っても同じで、不変、不動であった。

農民は、神代には、神仏に供えるために五穀を作り、国を支配する武士階級に年貢を、地主に収める小作米を作った。現代は政府に供出する米を、あるいは商人に売るため米を作っているが、やがて消費者の要求する米を作ることに精を出すであろう。消費者は神様である。ちょうど一巡したわけであるが……。

いずれの時代が、よい時代であったろうか。太古は、人間の生命を養うために、絶対必要と思われる最小限の作物を作るにとどめ、他は贅沢品を作ることとして忌み避けてきた。

また、できた収穫物を神仏に供え、祭ったというのは、作物は天が作り、人間はただ奉仕するだけと信じていたからである。天を敬し、天恵に感謝する収穫の秋のお祭り騒ぎは、神人一体となった時の喜びを現したものでもある。

太古の時代は、神が少なくも身近なものであったがゆえに、神仏への奉仕という形ながら、農民自身が主体の農耕であり、民族皆農であったがゆえに、農民の尊厳が確保された。

この時代がすぎ、祭りが盛大になり、形式化されだすと、神官や僧侶が、神仏（絶対者）の代行者として権威のある者にみられ始める。権威が人間に認められた時、利口者は、権威を求め、結託して、強大なものとなる。農民は、次第に一握りの権威者によって支配され始める。

階層の分化が進み、指導する者と、従属する者とが分れてくる。原住民族の所で、力の強い者が、酋長となり、祈禱師が、指導者となり、政治をとりだすのもその一例である。

さらに世が進展するにつれて、農民は分化し、これを支配する武士と、農民をささえる鍛冶屋や商人、すなわち士、農、工、商の階級が分化したが、これは農民そのものの分裂、崩壊をも意味するもので、農民の中から反逆するもの、脱落するものが生じ、別の職業を造っていったのである。

原始的な農耕は、幾千年と続き、職業別に分化した農業ですら幾百年と続き、不変、不動にみえた農業も、終戦後三十年、頭脳的近代農業が展開されたとたんに、農業は多様化し、農法も激変し、農民の数は激減し（これを経済学者は発展的解消とみて是認するが）、さらに農業自体も加速度的に崩壊し始めた。

時代が進めば、なぜ農民は減少し、農業は衰亡せねばならぬか。

神、自然主体の農業時代は安心しておれたが、やがて人間自身のやる農業を考え出した時から、支配者や指導者次第の農業となり、他人相手のもうける農業に転落していたのである。すなわち農民が、その源流を忘れ、発達した社会機構の中に呑みこまれ、世界的規模の経済活動の渦巻の中にまきこまれたとき、農民は、急速な分解、多極化、膨張、拡散、消滅の途をたどらざるを得なくなったのである。

士、農、工、商と、まだ農業が、工商の上位にあった時は苦しくてもまだよかった。近代農業という美名のもとに、百姓が企業農業を目ざしたとき、神の側近にいて安泰であった中心の地位から農民は転落し、経済の渦巻の中では、最もふり廻されやすい末端の位置、立場でしかない悲哀を味わわねばならなくなった。

現代の農業

現代は、近代農業の美名のもとに、科学農法や商業農業が加速度的に発達して、過去の農耕を、非科学的な原始産業として、葬りさろうとしている時代である。経済的、企業的基盤の脆弱な日本農業などは、世界的規模の経済活動、商法のもとでは真先に潰滅の運命をたどらざるを得なくなるだろう。

本来、農作物は売買の対象とされるべきものではなく、農業は企業として発達させるべきものではなかった。作物は、生命の糧としての使命の限界を逸脱してはならず、農耕は、神への奉仕としての仕事としての範囲にとどまるべきであったのである。

自然の中で、神に仕えること〝仕事〟そのものが百姓の目的であり、生産された農作物を商い、業（なりわい）とする農業は、すでに農業の本来の使命からは逸脱したものである。

農業は、労働として把握されるべきものでもなく、職業の対象とされるものでもない。

近年農業の国際分業論が盛んであるが、一国一民族が分担したり独占すべきものではない。万国の万人が、必須とせねばならない根本的な仕事が農である。

自らの食は、自らが作る。それは万人の基本的生活態度でなければならぬ。それは、どんな事態がおきても、最も安全にして豊かな生命の糧を保証するばかりでなく、日々人間が何によって生き、何を目ざして生きているかを確めてゆく生活となるからである。

広大な土地に、機械を駆使して栽培する企業農業は、すでに人間不在の食糧生産工場でしかない。生命の糧を作るのは、食品を生産するのではなかった。人間の目ざす道は、いかに生き、いかに死すかである。

個々の人間の生きる価値は、どうして、年間最多の膨大な食糧を生産するかによって決定されるのでなく、いかに日々生命の根源をたずね、生命の泉から自ずから湧く歓喜の世界に生きてきたかによって決まる。

たとえ商社の手によって輸入された食糧によって、日本人の生物的生命が維持できたとしても、商社人が、食糧を生産したわけではなく、まして彼らが聖なる農耕を体験したことにはならない。その食糧品は、豚に給与される外国飼料と同じ意味しかない。外国食品で肥った人間の生命は、屠殺場に送られる豚の生命と同価値しかない。否、生きるために働くという人間を豚からみれば、働かない豚の方がまだ幸せだといえる。

高度に発達した近代農業の多様化、多極化に幻惑されて、人々はもう何が本当の食糧であるのか、百姓の使命や目的が何であったのかを見失ってしまったのである。

古代の人々が演じていたのであろう壮大な大自然の中の人間ドラマや歓喜の世界は、もうそこにはない。

何も人間は、東奔西走して産業や文明の発達に骨身をけずる必要はなかったのである。

農業の発達と農民の転落

神の座から転落し、自然からますます離れて、形の上でも、構造的にも激変してしまった近代農業は、もう過去の農業、農民とは全く異質のものになっていることに気付かねばならない。

山に入って木を挽けば木こりの歌、田に早苗を植えれば田面に歌声が流れ、稔りの秋がくれば豊年太鼓の音が村里を流れたのはそう昔のことではない。牛や馬の背で荷物を運んでいたのもそう昔のことではない。

ここ十数年の間に激変し、山ではのこぎりの代りにチェンソーの轟音がひびき、田には耕耘機械や、田植機械が走り回り、工場のように立ち並んだビニールハウスの中で、野菜が作られるようになった。田畑で化学肥料や農薬も自動的に撒布され、百姓仕事は万事が機械化され、システム化されてくると、もう農村での歌声は聞かれず、ただ家の中のテレビから流れてくるふる里の歌まつりの声に耳をかたむけ、昔を追想するだけとなる。

野良から、真昼の生の百姓の歌声は消え、街に録音された偽音や伴奏入りのにぎやかな演歌が氾濫する。真実から、虚妄への転落を象徴しているのであるが……。

速く、遠くへ

人間は時間と空間を求めて、時間と空間を失い、時間の短縮と、空間の拡大に狂奔せざるを得なくなった。

チェンソーの開発は、木を早く切らねば、間に合わなくなったからであり、機械化田植は、百姓を楽にするものではなく、百姓を野良から追い出しただけのことである。

百姓が、便利で楽になったと思う時、百姓は田園から追放されて、他の職場で、いままでより以上に、頭脳的に、肉体的により酷使されるはめになる。

消費者が、四季をとわず、うまいものが十分に食べられると思った時、都会の人間の身体は、自然の食糧の代りに、高価な欺瞞(ぎまん)の人工食を買うはめになり、その生命も危険にさらされるようになる。食品が商品として取引きされるようになり、市場や荷造り機関が整備され巨大化してくると、いくら生産者や消費者から流通機構の改革が叫ばれてみても、巨大機構が人間をおどらし、機構が機構を動かして、人間の手のとどかない所で、価格は自由に操作され決定されることになる。

人間が人間を支配する時代から、情報が人間を動かし、コンピューターやシステム科学から生れたロボットがコンピューターを自由に駆使する総括的活動体となって、いつの間にか、人間をあやつり、混乱せしめ、狂奔せしめるようになるのである。

人間疎外のロボット人間が、本当にロボットによって支配される時代が、すでに来ている。

（二）科学の幻想

科学の領域

この世にはさまざまな形、質の物があり、森羅万象、さまざまな動き、働き、変化がみられる。

しかし、それを分別してみると、すべて相対的で、両面があり、対立する、いわば、陽（＋）と陰（－）の世界である。この世界を科学の目は、さらに分析的に、微視的に、局部的に解析していったにすぎない。分解と結合を繰りかえしながら結果的には分解の道を進めていくばかりである。したがって科学の成果は、いつも人間の思考をより分析せしめ、昏迷の度を深めていくのに役立つだけである。

科学の力で人間がより正しい食物をとり、より多くのおいしい食糧を造ることができると思うのは一時の幻想にすぎない。

なぜ、科学の力によって獲得された成果が、空虚なものに終ると断言できるかといえば、科学はその第一歩においてすでに錯誤を犯しているからである。

本来この世は、相対の世界とみるべきではなかった。時空、陰陽、大小、正邪は、人間の分別眼というものさしで計った結果の影像にすぎない。この虚像の上に築かれたのが科学である。そのために科学的真理は、いつも相対的であって、絶対不変の真理とはなりえない。

例えば、誰れでも科学の力で、優れた食物を作り、改善していくことができると確信しているが、科学は、人間にとって何が真の食物であり、なにほどが適量なのか、どうして人間の生命や心が生れたのか、その根源を知ることができない。

そのために科学的結論や対策は、つねに、相対的で一時的な解答でしかない。時と場合で変わり、やがてくずれ去る。

科学は、極言すれば、一片の食物を造ることも、改善することもできないものだといえる。この世に食物があり、うまいものがあるのは、科学の力によるのではなかった。

人間自身の変革によって、食は生れ、食は変転もする。

食物は物であり、人智や科学の力で、左右することができるようにみえて、食は物になく、食（物）は人（心）により生れ、人（心）はまた食（物）によって支配される。さらに究極的には、人を動かし、物を生んでいるものは、人でもなく、物でもなかったといえる。

では、この宇宙を支配し、地上の生物を統括し、人間を育てているものは、何かといえば、それは強いていえば、自然であり、自然を産み育てた名のつけようもない根本原因であって、人智を超え、科学の忖度（そんたく）を許さないものとしかいいようがない。

科学は自然を母体にして生まれはしたが、母なる自然に反逆して去った放浪児であって、親の気持を知らず、自然から真理をくみとらず、虚像の自然から虚理を写して真理と錯覚した。そのため科学は、自然を何一つ明らかにすることができず、自然に一指を染めることもできない、という結果を招くのは必然であった。

一例をあげて説明してみよう。

ここにある一個のリンゴの大小は、何を基準にしていえるのか。何色が美しく、どのような形が立派なのか。どうして、おいしいといえるのか。一個のリンゴの形、質、量の良否、食物としての価値判断、嗜好の是非、善悪、何一つとりあげても、人間は科学的、相対的基準による判断はするが、真にこれに答える基準（スベ）をもっていない。

すなわち、科学的基準以前の人間感情が発生する根本原因が、なぜどうして発生するのかを知り得ないかぎり、根本的な答えを出すことはできない。科学的に、おいしいは糖度と酸度の比で決まるなどといってみたところで、それは、舌が糖度と酸度を知覚する経過を追究したにすぎない。ある人は甘いものをおいしいと感じ、ある人は酸味のものをうまいといったとしても、人間感情の正当性を立証する方法、絶対的基準がないかぎり、いずれが正しいか断定できないというのが本当である。根本的には、人間にはリンゴは大きいのがよいのか、小さいのがよいのか、果して食べるべきものか、食べざるべきものかすら判らないのである。したがって、時と場合、時代と変遷につれて、価値判断が狂ってゆくのもやむを得ない。目の見えない鬼さん同様、他人の手のならす方向に向かって盲進するだけである。

果物が年々大形に改良され、甘味を増したとしても、それは、人間の邪欲の拡大、偏向に盲従し、迎合したまでのことであり、優れた正しいものを造るという真実の発達とはなりえない。

このことは、すべての食物の量、形、質についていえることで、人間にとって何が正しい食かが判らないかぎり、科学は何を決定しても無意味になる。また、このことは、食物の根底をゆさぶり、現代農業の成立を危うくする問題でもある。

正食

人間は、何を作り、何を食べればよいのかを知ろうとして、食物の種類、量の過不足、質の問題をいくら科学的方法で探究してみても、永遠に解答は出てこない。なぜか。

「食は食にあって食にない」からである。

人間は食物の問題は、科学的にみれば、食物を科学的に探究することによって解決されるものと信じられているが、食物の問題は、食物を研究することによって導き出されるのではなかったからである。科学は自然を解析することも、批判することもできない立場にある。自然は、つねに科学に優先する。

食は食になく、人にあることを思えば、人間は真に何を食べ、何を作るべきかも、科学的判断にたよらず、静かに瞑目して、自らの内にたずねる以外になかったのである。

静思して自ら知覚するもの、それが最も正常な純粋判断となる。これは純粋な動物的本能による智慧といってもよかろう。しかし、間違ってならないのは、現代人の本能は、すでに麻痺し混濁していて、その真実のものを撰別する能力を失っているということである。

食物について、人間は何かを知り、科学的に何かを為さねばならぬのではなくて、無心に、無欲になって、手近から自然に入手できるものをただ採ればよかったのである。

小鳥が穀物を啄み、ミミズが土を食べて生きるように、己れの生まれた里の土に育ち、稔った穀物や野草を主体とした食物をとってゆけば、人間は必ず生きられるばかりか、その場合にのみ、完全な生命の燃焼が可能になったはずである。

科学の目では、人間が何を食べるべきかは、決定されないから、人間は何を作り、何を食すべきかは判らないことになるが、正しい食といえば、当然それは完全な自然人の自然食であり、いわゆる自然食になる。これは、真人にのみ感得できることでもある。

その正しい食物が自然の雑穀であり、野草であるとすれば、人間はほとんど何も作らなくてよいことになる。粟や黍よりもうまい果物を、麦や米より魚や肉を、人間が欲しがった時に、人間はその邪悪な欲心を神にわびながら、わずかな耕作に務め、家畜を飼わねばならないだけである。

この意味からしても、人間が自然に遠ざかり、背いて、より多量のより優れた食物を作ろうとする努力、科学的手段による食料増産は、すべて神（即自然）の道に離反したこととなる。

最小限度の農耕によって、最小限度の食糧を得て、つましく生きる生活が、神の目からみて、人間にとって最高の精神生活となるのはそのためである。

邪食

食糧の危機が呼ばれても、何が絶対必要なのか、不足するのかが判明せねば、対策はたてられない。ところが、本当に価値ある食物とは何かというと不鮮明になるのである。

普通、人間の食物といわれているものは、科学的立場からみて、価値があるものを人間の食糧と決めている。

ところが、これは単に人間の肉体を肥育するのに必要な栄養や、運動するのに必要なカロリーの補給源となるものを食品としている。したがって、栄養分の多い、カロリーの高いものが優れた食物とされる。

当然、肉、卵、魚、ミルクが栄養食品として貴ばれ、ビタミンを含んだ果物や野菜は何んでも価値ある食品となる。

ところが、自然食の立場からみれば、肉、鶏卵、青魚などはいわゆる強い陽性の食品であり、水分の多い果物や、トマト、ナス、ジャガイモなどは極端な陰性食品であり、邪食として忌避される。

というのは、本来人間は哺乳動物という極陽性の動物であるがゆえに、陰性の草木を食べ中和を計ってゆかねばならない。一般には中庸の穀類、菜食が常道であるとされている。食養にこころざす人々は皆、陽性の動物、人間が、陽性の食品、肉、卵、ミルクをとると、ますます陽性に偏るからこれを避けるべきだと指摘している。古来、東洋人は菜食主義であったが、日本でも古代すでに肉食は短命なりと指摘されているのは、驚くべきことである。

西欧風の現代人は好んで肉食して、極端に陽性の身体になるから、反対に極陰性の果物とか、野菜の中でも、トマト、ナス、ジャガイモなど、特に極陰性のものをとってバランスを保たねばならなくなる。だが、このような極陽性と極陰性の食品で、バランスをとるのは、綱渡り式の曲芸的な方法で、いつバランスを失うかわからず、避けねばならないだろう。

安全なのは、中庸の食品、穀類や雑穀類とアルカリ性の豆類、人参、牛蒡などの野菜をとることであるというのが、今の食養人らの考え方になっている。

現在、人々が好んで食べる食物は、どちらかといえば、強酸で強い陽性の、肉、ミルク、魚であり、陰性の果物、トマト、洋菜である。

それは、陽性動物の人間本能は、陰性の食物を求めるが、頭脳的人間の欲望は拡大して、極陽性動物の肉食人種を造り、極陽、極陰の食品を求めだしたと考えられる。

西欧の狩猟民族の血は、さわぎ、欲望を抑止するすべを知らず、酸性食品の類を貪欲に食べることによって、ますます血液は酸性にされて汚濁し、熱血的で、活動的で、悪くいえば凶暴で、惨忍な性格をもつようになり、闘争的で頭脳的で遠心的、拡大、拡散の物質文明を築きあげてきた。

東洋でも特に、四季温和な気候をもつ日本などは、草木が繁茂し、農耕民族として発達してきた。日本人は穀物を主食とし、なるべく菜食主義を貴しとしてきたがゆえに、陰陽ほどほどの温和な民族となることができた。すなわち、欲望の拡大、拡散を抑制し、アルカリ性の麦や野菜を多くとる風習を創ってきたがゆえに、血液はアルカリ性となって浄化され、清澄となり、冷静で、平和、菜食人種特有の瞑想的、理性的、精神的な人間となったといえるだろう。

西洋で物質文明が発達し、東洋で、日本で求心的、収縮的、精神文化が発達したのは当然であったといえる。我国は華麗な物質文明の開花が遅れたことは、何もくやむことではなく、誇り高いことであり、経済大国を誇る現状こそなげかわしいことである。

今や、洋の東西で、文明の交流が始まった。西欧文明はゆきづまりの打解の道を東洋文明の中に求め、東洋は西洋文明のあとを追い始めた。西洋人が、東洋の思想にあこがれ、哲学や禅を研究し始めると、必然的に菜食主義となり、玄米や麦めしをとるようになるのも当然である。

陰極まって陽に転じ、陽極まって陰となる、易の思想は原理である。欲望の拡大のままに拡大の道を歩み、肉食美食を追い求めた西欧人が、陽極まって陰となり、脆弱、肥満、崩壊（身体）、分裂（心）の病体、病心となり、西洋医学の救援をもってしても解決しえなくなったがゆえに、その救済を東洋に求めてきたのである。

ところが、我が日本は、彼らが犯した誤りの道を再びたどろうとしているのである。穀物と野菜を重点にした粗衣粗食の農村の食事を改善の名で改悪したのが、始まりである。

西欧風の栄養食に切りかえて、牛肉や鶏卵、ミルクを日常の献立に加え、メロンやトマト、キャベツをふんだんに食べねばならないかのごとく錯覚せしめた。麦めしに、青菜に塩という陰陽のバランスのよくとれた食物をとっていた農村の食が、肉食にかわるとともに百姓の顔は赤くなったり、青くなったりし始める。肉を食べて血のけがのぼり、血圧が高くなる、また熱をメロンやスイカで冷却する。一喜一憂し始めたのは当然であろう。

　肉食にかわった時から農村の青年は血がさわぎ、落ちつけなくなり、村をすてて街に出る。血液酸性型は闘争的であり、スピードを好み、爆発的となる。凶暴な学生や、暴走族が現われた一面の原因は、食事の変化からきたともいえる。

　肉類が陽性の食品といえるのは、牛が穀物や草を食べて、これを口でそしゃくし、腹の中でこなし、血とし、ようやく肉としたもので、いわば、いろいろな食糧を腹の中で凝結して造ったものであって、栄養やカロリーが高いのも当然で、肉は爆弾的食品であるからである。爆弾を食い、腹に入れた人間がいつ爆発して、自らを損ない、他を傷つけるか判らないのは当然であろう。

　西洋の栄養学は、真に健康な人間を造ることに役立たず、爆弾的人間を造るのに役立ってきたといえないこともない。

西洋医学は、本来、平和で静かに暮らすおとなしい草食動物であった人間に栄養食を与えて、頑強な肉体をもった凶暴な猛獣につくりかえたともいえる。

だが、肉偏重の栄養食は能動的で活動的な人間を造り、物質文明を推進してきた原動力、エネルギー源となったと、物質文明の発達を謳歌する立場によって支持されているが、これに賛同しあるいは保証する前に、科学は物質文明発達そのものの是非を問わねばならない。

もちろん、科学的な栄養食を是とするか、自然食を是とするか、その比較も論ぜられねばならないが、困ったことに二者は同じ土俵にのぼせられない。

自然食の立場は、科学の立場でない。強いていえば、科学を超える立場でなければならぬ。科学は自然から産まれたがゆえに、自然を知りえない。親（鶏）は子が産まれた原因を知るが、子（卵）は親（鶏）が産まれた原因を知る（体得）ことはできないと同じである。

知りえないにかかわらず、それを知りうるように思う所に人間の錯誤が生じる。

自然は、自然を超える立場でなければ、知ることも批判することもできない。人間が造った科学は母体である自然を批判できる立場でない。したがって、人間の本当の自然食は何かを論ずる資格がない。自然食は科学の立場からするべきことではないのである。自然を超えた立場に立ち得た者によってのみ、自然食について論ずることができる。

だが、自然を超えた立場は、分別を許さず、これを解析することができない。したがって、自然食の本態についていても抽象的にならざるを得ない。そこがまた、科学者によって糾弾される材料になる。だが、科学者が対象にし、攻撃している自然食は、自然食の投影でしかない。

結局、自然食是非の問題は、最後に結実した果実をみて判断を下す以外にないのである。

物質文明をとるか、精神文明をとるか。栄養食をとるか、自然食をとるかは、どちらがより幸せで歓びが大きいか、どちらが得をする、損するで決定される。

栄養食品を作り、牛を飼い、ミルクや鶏卵を食べるのは、果して得であったかどうかを検べてみよう。

一口にいえば、極陽性の栄養価の高い食品を造ることは、人間にとって損である。陽性の牛肉や馬肉、ミルク、鶏卵それは多量の飼料や資材、労力が凝縮されてできた食品であって、生産するのは容易でなく、ロスが多く割り高になる食品なのである。(後述)

また、極陰性のメロンやトマト、白菜などを作るのは、軟弱徒長の病体作物であるがゆえに作るのに百姓が苦労する作物である。このような食品は、農薬や化学肥料の申し子であって、消費者の身体をむしばむ公害食品ともなりやすく、しかも生産する農家を苦しめるもので、何一つ人間の利にはなっていない。ただ人間の嗜好、邪欲を満足さすだけのものである。

現在、未来の人類の食糧不足が心配され始めたが、その前に邪食の一掃が先決である。

今までの食糧増産は、邪食の増産拡大にむしろ力をかしていただけだともいえる。

科学は、何を対象にし、何を為し得たかが批判されねばならない。

科学的増産

食糧として、何を作らねばならぬか、何を作ってはならぬかを明確にしていないと、無謀で危険な増産になったり、知らない間に減産運動になる。科学的にみて、物を造るといえば、何か新しい物を創造してゆくようにみえる。食物を増産するということも同様なことだろうか。もともと、科学は無から有を造るのではなかった。食糧増産は文字通り増産ではない。

お米の場合でも、昔も十俵、今も十俵、現在多収穫栽培といっても、十二、十三俵とれるのは特別の場合である。お米が沢山とれだしたのは、稲の多収穫確保技術、減損防止技術が発達して、低収量地帯の稲の収量が一般水準に上ったことによるものである。南方の国で緑の革命といわれる米の一品種の育成でお米の増収ができたとさわがれても、それは今までが低収であったからで、日本の収量に近づいたにすぎない。

減産防止

砂漠で、稲が作れだしたから人間の力は偉大だというが、不毛の砂漠ができたのは、天災でなく、人災によるものであるという説に従えば、大昔の緑がよみがえったにすぎない。

それと同時に、一般的にみて、一定の田から、米麦を増収したというのは、自然の力以上の収量を人間があげたということではなく、自然の力であげうる収量にいくらか近づけたとき増収できたといっているにすぎない。いわば本当に増収したのでなく、とれるべき収量が減少するのをくいとめ得た、すなわち、減損防止ができたというにすぎない。はやい話が、米を食べる雀を追い払うと、雀が食べる分だけ増収したと思うのと同じである。雀の目からみれば同じである。

原始的な自然農法より、集約的な科学農法をやる方がより多くのカロリーを生産できると思うのも錯覚である。

一定の田の稲に肥料をやれば、増収すると思う、一定の自然収量までは、米は増大してもそれ以上は、肥料を多くやればやるほど、繁りすぎて、稲わらができて、米は減少し自然農法以上の収穫はえられない。

いくら近代農法の粋を集め、労力、資材を投入しても自然農法との差をいくらかせばめる程度で、自然農法以上の収量にはならぬ。この理論については省くが（『無Ⅲ 自然農法』第二章参照）、一口にいって人間は、自然を分解、解析できても、結合し統括してもとの完全体にもどすことはできない。そのため、人為はどこまでも不完全で完全な自然には劣る。人間が増収技術や智恵をもっていると思うのは錯覚である。

人間は無限に地球から食糧を増産することができるのではない。ただ地球がもつ自然収量に、どれほど近づけるかである。

もう一歩具体的にいえば、どうして低収量の所ができたのか。低収量の所を、どのようにして、もとの当然とれるべき収量に近づくのかだけである。人間は、わずかに自然復元による減損防止ができるだけである。

科学技術が、どんなに進歩しても自然はつねにその先にあってとらえることができない。地球の土は、どこまでも土であり、土以上の土は造れない。土以上の土、稲以上の稲ができたと思うとき、人間は増収できたとみえる分以上の代価を支払わされ、今以上の苦闘を強いられるだけである。

人力で増収できるというおごりがある限り人間の苦闘と悩みは増大する一方で、解決の方向には一歩も進まない。一粒の米も拾って食べるという謙虚さが生まれるのは、人間が為し得るのは減損防止だけであり、神に救いを求めるだけであるということを知った時からである。そこに一時の安らぎも生まれる。

質的な増産

物には、形と質の二面がある。形や量の点からみて自然収量以上の収量をあげえなくても、質的に改善し、増収と同じ結果をあげうるのでないかとも考えられるが、これも同じことである。自然よりも優れた質のものを人間は作ることができない。

一口にいえば、食物の形と質はゴムマリの表と裏の関係といってもよく、表がふくらむと裏がひっこみ、表が減ると裏が膨張するのと同じで、形の増減、質の優劣は本来なく、区別を論ずることが無益である。

これはすべてのことについていえることで、人間のみた増減は局時局部の増減にすぎず、不増不減が本来の姿であり、質的向上も、いつも反面の質的低下に相殺されて、無意味なものにおわるのである。

形の上の増産は、いつも錯覚的な増産におわり、質的改善は、いつも愚劣な改悪をまねいているものである。

質的な増収とか質的改善という所に問題が出発する。本当は形質一体の改善で、改善でなく復元でなければならない。

例えば、質的な食改善である。人々は栄養分が多くて、カロリーの高い食糧をとり、肉類や高級果物をとれば、食生活が高水準になったと思ってきたが、結果的には増産でなく食糧不足をまねき、質的低下をきたすことになる。

今まで指導者は米作中心の原始農業から脱皮してゆくことを奨めてきた。畜産や果樹の奨励である。栄養価の高い肉生産や高級果実で、豊かな高い食生活ができるようになるものと考えていたからである。

ところが、事実は反対で、一〇アール（一反百姓）の田で上手に作ると、米は六〇〇〜一〇〇〇キログラムを収穫でき、カロリーにすると穀類は一〇〇グラム当り約三三〇カロリーであるので、二〇〇〜三三〇万カロリー生産したことになる。一人の年間必要なカロリーは七二万カロリーであるから、一〇アールで、三〜六人の一年の生命が保証されるわけである。

サツマイモでも一〇アール二〜三人の食糧ができる。

ところが、家畜を放し飼いにすると、一〇アールの土地に、鶏は十羽、山羊、豚は一頭、牛馬一頭飼うには一ヘクタールの土地がいると思われる。

これら家畜の一日当りの生産カロリーは、卵十個で六〇〇カロリー、山羊や牛の乳は、三〜四リットルとして二〇〇〇〜三〇〇〇カロリーで、牛馬での肉になると約一〇〇〇カロリー位だろう。

一〇アールの田から生れるカロリーは、大雑把にみると、穀物だと三人から六人分、山羊や牛の乳で一人分、豚肉で一人分より少なく、牛だと半人分しかなく、卵になると幼児一人分になる。

穀類や草を飼料にして、家畜を飼った場合、効率がよいのが山羊や牛の乳で、牛肉や鶏卵にするとロスが多くて、飼料効率が悪いことになる。

インドで牛を殺して肉にすることを禁じ、ミルクだけのむのは、賢明な生き方といえる。一〇アールの山に、山羊をつれて入って、乳をのんでおれば生きられる。貧農にはふさわしい家畜になる。

それにしても、穀類を作って、直接人間が食べると効率が最高によくて、穀物を家畜に与えて、肉として回収すれば七分の一のカロリーになるということは、重大である。

肉食をすれば、実際に三倍から七倍の土地を使って、苦労せねばならぬということである。

しかも、穀物食は理想食で、肉は邪食となると、何を好んで肉食を目ざすかともいいたくなる、にもかかわらず、食生活の改善といえばまず肉や卵をあげる。

これは、自然人のみた穀物の実質的価値よりも、肉や卵乳の方が、経済的価値が高いからである。すなわち、現在の人の嗜好にあい、消費者が高く買うから、もうかるから畜産が盛んになったにすぎない。

だが、肉食という邪食を追い、食生活が豊かになったと喜んでいる内に、身体はむしばまれ、想像以上の浪費となり、食糧危機をも招来する第一原因となっていることを銘記せねばならぬ。

ローマは一日にしてならずも、一日にして滅ぶ。

人間が穀物や菜食に徹すると、小面積の所で生きられる。肉食美食をするだけで、生活圏を広げ、広域での活躍が人間に必要になってくるのである。

人間が謙虚に形質一体となった減損防止に徹して、食糧の人工的増収にはげむことでなく、正しい作物を作り、人間本来の穀物菜食に復帰すること以外に、人類永続の食糧を確保する道はない。

（三）国民皆農論

真人の里

虚妄の物質文明や農業は〝為す〟ことに出発し、〝為す〟ことで終るが、真人の道は〝無為〟に始り〝無為〟に終る。

真人（神）の道は、外にあるのではない。外に向い、前進して獲得できるのではない。自らの身にまとう虚妄、虚飾の剥脱によって、自ら内に所有している真実の珠宝が発掘されてくるのである。

何もしないで、ただ大自然の懐に没入し身心脱落をはかる、無為自然の道こそ、真人の歩むべき道であり、どこまでも粗衣、粗食に徹し、地に伏し、天を仰いで祈る裸の農民の生活こそ、真人に至る最短距離の道なのである。

真の自由な幸福は、最も平凡にして、非凡、無為の百姓道以外になく、古今東西をとわず、このいわば仙人道をはずれて、人間の精神の発達も、復活もありえない。

農耕は、人間に許される最小限度の仕事であり、それはまた最大限度の仕事でもあった。人間はそれ以外にすることはなく、またしてはならなかったのである。

人間の真の歓び、自然の息吹き、楽しみは神の法悦であって、大自然の中にのみ瀰漫（びまん）し、大地を離れては存在しない。したがって、自然を離れた人間環境はなく、生活の基盤を農耕におかねばならぬのは当然であろう。またすべての人々が、郷（むら）に帰って耕し、真人の里を造ってゆくことが、理想の村、社会、国家を造る道となるのである。

大地は人間の知る土壌ではなく、青空は単なる空間ではない。神の庭であり、碧空（へきくう）は神々のささやく神の座である。神の庭を耕してえた穀物を、生命の糧としてかみしめる百姓生活こそ、人間の最善にして、最良の生活である。

国民皆農論は、万人は神の庭に還って耕す責任があり、碧空を仰いで歓びを享受する権利をもつことに立脚する。

国民皆農は単なる原始社会への復帰でなく、日々自らの生命の根源（生命とは神の別名である）を確認する生活を意図する。また膨張、消滅の世界から反転して、凝結、復活への回心をはかるものでなくてはならない。

また国民皆農は、形は小農であって何らさしつかえないが、時代を超越し、ひたすら農業の源流を探索する自然農法でなければならない。

帰農の道

近年、自然から隔離された巨大都市の中で、埋没の危機を感ずる者を先頭にして、人々が、反射的に自然への欲求度を高め、帰農の道をさがし始めたのは当然であろう。

だが彼らの帰農を拒否し、一場の夢物語としているものは他でもない、人であり、土地であり、法律である。

人々は、本当に自然を愛し、大地へ還り、この大地の上に、人間の住みよい社会を造り上げようとしているだろうか。私の目には、そうはみえない。

私はこれら人々の願望や意見が、全く正当であるとみられる時でさえも、最後には空しさと距離を感ぜずにはおれない。それはちょうど、水面に浮ぶ浮草を手にすくい上げた時の感触ともいえる。とりあげるとすぐばらばらになるあの感触である。

人と人、人と自然、上下左右、何一つ本当には結びついていないという空々しさである。

同じ自然を相手としているようにみえながら、都市の青年が夢みている自然は幻であり、農村の青年が耕しているのは大地ではなくて、単なる土壌である。

同じ問題を憂え、共同で対策を樹てねばならないはずの生産者と消費者、その間に介在する団体、商人、政治家等々、それらの間の表面的な結びつきはともかく、内面の断絶、同床異夢の悲哀は、同じ波上に浮びながら同じ水を飲んでいることに気付かないもどかしさとも感ぜられる。

食品公害を叫ぶ消費者自身が、公害食品を育成する禍根をまき、農学が発達して、農民は衰亡しても不審と思わず、農業を憂える政治家が、農民の減少を喜び、農業を土台にして盛んになった企業が、農民を破滅させる。

自然を守ることを念願しながら、農家が大地を死滅させ、人々は自然破壊を攻撃しながら、開発の名による破壊を黙認する。調和の名によって妥協がはかられ、次の暴走の準備にとりかかる。

人間社会の混乱と矛盾の第一原因が、何かを人々は見極めることもなく、街と村で人間はてんでばらばらに勝手なことをしているのである。

自然を愛さないものはないといいながら、これらの矛盾を痛感することなく、各自が自己主張をして、平気でいるわけである。

だがこの世に、何の統一もなく、支離滅裂の活動が氾濫しているということは、誰も自然を本当には愛しているのではなくて、自然の中の自己を愛しているにすぎなかったといえる。

自然の山川を画く画家は、自然を愛しているようにみえて、自然を画く自己の職業を愛しているにすぎない。

大地を耕している百姓も、自然の中の田畑で働く自己の姿を愛しているだけである。農学者や農政家は、自然を愛しているつもりで、自然を科学する学問を愛しているにすぎず、自然を耕す農民を研究したり、批判して喜んでいるにすぎない。

人間はただわずかに自然の一部をのぞいただけで、自然の本態を把握したつもりになったり、愛しているつもりでいるだけである。

もともと人間は、自然が何であるかを知っているわけではなく、その投影にすぎない虚像の周囲をぐるぐるまわっていただけである。

その虚像の向うにある本物の大自然の懐に飛びこもうとしたことは一度もなかったのである。

湖の周囲には、職業という名のいろいろな無限の立場がある。人々は各自の立場から池畔に腰を下し、自然の中で釣りを楽しんでいるとする。この時、各自の目的は釣りといい、さらに魚になる。釣り上げる魚には鯉があり、鮒がいる。ぼろ靴もあり、詩もあり歌もある。彼らはもう自然を愛し、湖に遊び、釣りを楽んでいるのではない。目的は自然の一部、水中の魚であり、ぼろ靴である。自然の本体の中にとびこんで、これを把握しようとしているのではない。大自然の中心にとびこむ覚悟があれば、釣りをしている暇はない、彼は湖心に向い、投身自殺（自我の滅却）を計るはずである。

もし本当に人間が、自然を愛しているのであれば、各自が腰を下した所で、駄弁を弄し、湖を画いたり、詩をひねっている暇はないはずである。少なくも裸になって皆一様に湖心に向って泳ぎ出すはずである。

世間に各種各様の立場や職業があるということが、すでに問題なのである。人間の目標は一つである。湖心は一つである。

湖辺の堤から立ち上り、湖心に向えば各自の立場、職業は次第に消滅する。湖心に到達したとき一切の矛盾は解消している。

この世にある一切の矛盾を解決する手段はこれしかない。すべての人が、中心にある同一目標に向って、求心的運動をおこす以外にない。

人々は、自然を愛し、自然に向って前進しているつもりでいるが、決して湖心に向ってはゆかず、ただ魚を釣って満足し、池畔をさって自宅に帰る。ということは、人間は自然を偵察して帰り、とった獲物をもちよって自慢しあっているにすぎない。

ある者は自然を愛する手段として山の木を庭に移植し、ある者はそれより山に緑を植えようという、ある者は木を植えるより山に行った方が早いという。山に行くためには道路をつけようという者、自動車で行かずに歩いてゆけという者がいる。みんな自然を愛するという目標は同じで、ただその手段、道が異っているだけであり、何とか調和をとりながら前進する以外に方法はないと考えているのであるが、その手段、方法がばらばらになり、矛盾したということは、自然というもの、把握が皮相であったことに原因する。もし各自が真に自然の湖心に入り、自然を本当に知っていたのであれば、意見の対立はおこりようがない。

自然を愛するのに方法はいらない。自然への道はどこまでも無為であり、無手段の手段しか無い。やらねばならぬことはどこまでも「何もしない」だけである。とすれば手段は明確であり、目的は極めて達しやすいことである。

帰農を目ざす人々の決心のほどを、私が疑うのはこの意味である。本当に農業に親しみをもっているのか、自然を愛しているのかである。もし本当にあなたが自然を愛するがゆえに帰農しようとすれば、その道は極めて簡単に開ける。もしあなたが自然の皮相を愛し、農業を利用しようとしているにすぎないのであれば、道は遠く閉されるだろう。帰農は極めて困難なことになる。

帰農を拒否する第一歩の障害物は、人である、あなた自身にあるともいえる。

土地はないか

人々の帰農を拒否している第二の難関は、農地が入手できるかである。

小さな島国の中に一億人がひしめき、地価は暴騰して農地を入手することは極めて困難にみえる。こんな状態の中で私はあえて国民皆農をとなえているのである。

日本の農地は約六〇〇万ヘクタールで、大人一人当り一〇アール（三〇〇坪＝一反）以上の面積になる。日本の土地を二〇〇〇万世帯に分割すれば、一家一世帯当り三反歩の農地と、その他に山林原野が一ヘクタール（一町）がつくわけである。

一家数人の者が、完全な自然農法で自給体制をとるために必要とする面積は、わずかに一〇アール一反歩でよい。

その面積の中で小さな家を建て、穀物と野菜を作り、一頭の山羊、数羽の鶏や蜜蜂を飼うこともできる。

もし全国民が本当に一反百姓の生活に満足できるならば、その実現は不可能なことではない。

人々は地価の暴騰している現在、それは絶望的だと思っているのであるが、実際は日本の土地は十分ありあまっているのである。

なぜ地価は暴騰し国民の手を離れたか。

だいたい地価の暴騰は、宅地や公共用地の確保に始まったが、その第一原因は日本の土地は狭く、土地は生産できるものでなく、限界があるという観念が先行したことから出発した。

だが日本の人口がどんなに増加しても、住む家を建てる土地は無限にあるというのが真実である。土地はあるが宅地がないのが癌になり命とりになっただけである。

法律は、土地を地目別に分割した山林、農地、宅地、雑地等々、さらに都市計画法を造って線引きを行い、都市計画内の農地と、調整区域内の農地、線外の農地に分割し、農地の宅地転用を禁じた。名目上の宅地は極端に減少せざるを得ない。宅地が少なければ宅地は暴騰せざるを得ない。今度国土計画法が施行されたら土地の入手は、法の施行者には容易になっても、それだけ一般には入手困難になるだけである。

法律はできればできるほど完全になるようにみえて不完全となり、ただ複雑怪奇になり、法律は人間と大地を離間させる結果をまねくだけである。

上手に法律の裏を知り、地目を変更する手段をとり得る者だけが宅地を入手し、これを売却することができる。宅地が人手から人手に渡るほど転売が続くたびに宅地はあがっていった。

もし仮に誰でも、どこにでも勝手に自由に家を建てられるとしたら、すなわち山や原野の中にはもちろん、田畑の中に、山小屋や、百姓の納屋が建てられるように、何の手続きもなく手軽に建てられるとしたら、宅地は無限にあることが判るであろう。

法律にきめられた家という名の家を建てるには、あまりにも多くの法律制限があり、それが癌になって建てられないのである。杣(そま)小屋や百姓が仕事に使う山小屋や納屋ならば建てられるが、畳を敷き電燈や水道を引いた家を建てようとすれば地目が宅地でなければならず、宅地に地目を変更するには、四メートル道路や上下水道が完備せねばならぬとされて許可が下りない。

結局宅地造成された土地を業者から高い金で買って規準にあった高い家を建て

るというはめに追い込まれる。

この法律規制から出発した悪循環が、宅地暴騰の原因になり、さらにこれに便乗し、これを利用する悪徳商法が宅地問題を複雑にし、暴騰せしめて、家や土地を求める人々がともに狂舞しただけである。

一反百姓を望む人の農地取得を困難にしている理由も同様である。農地が狭く無いのではない。誰もが自由に耕せる地目の土地がないだけである。

過疎の山間部に入るまでもない、各所に荒れた田畑がみられる昨今でも、都会の者が買える土地は、農地と名づけられているかぎり一坪の土地も入手できない。農民でなければ土地を買う資格がない。農民というのは、五反以上の農地を所有している者にあたえられた特権である。農地法によって、農地の移動は停滞した。

都会の者は五反以上を一度に買わねば、百姓になれない仕組である。正式には借りて小作する資格もない。

だが法律は必ず抜け穴がある。例えば農地に客土し、徐々に材木置場にしたり、花木を植えたりしておけば、徐々に雑地という地目に変更することができる。一度雑地ということにしておけば、自由な売買も、自由に家を建てる資格もできてくる。

それにしても過疎地帯で自然にできた荒地が、地目変更できない理由だけで売買もできず、借貸もできず放任されているのは馬鹿々々しいことである。

また日本の国土の八割を占める山林や荒地が、所有権や法律にしばられて、自由な活用がなされていない。もしこれらのほんの一部が農用地として活かされても、楽土建設はすぐ始められる。

ただこれら農地の拡大や放出は、新たな法律の成立によって出発されるべきではなくて、無用な法律の撤廃によって為されるべきである。

無為にして自然に達成されたものでなければ、永続きはしない。

だいたい現在の農地の価格は、人為的にあおられた値段で、自然的に発生した値ではない。

昔から農地としての価格は一定で、自然に一定の基準を守って安定していた。

すなわち良田一反で米五十俵が最高の基準とされていた。米一俵一万とすれば五十万円である。これ以上では採算がとれないという所に目安をおいて、農民同士の間では取引きされていたわけである。

この目安は、今後も守りたいものである。

現在農地が不当に高いのは、農地が宅地なみに評価されるようになった時からである。

宅地なみといえば、宅地なみ課税という制度があり、市街地では農地を宅地なみに評価して課税し始めた。これは明らかに市街地から農民を追い出す案で、所得の少ない農地に、多額の税をかければ、負担に耐えかねて売りに出すだろう。農地が宅地として放出されるから、宅地が多くなり安くもなるだろうと説明されて、宅地不足に悩む都市人は容易にこの法律に賛成したが、これも近視眼的な見方で、このようにして放出された土地は、一般人の手のとどかない所で処分されるのがおちである。

市街地の農地はもう農地ではなく、農民の手のとどかない所にいった。

悲劇は、市街地の農民の上のみでなく、明日は我が身の上のこととなって、全農民を苦しめるだろう。また農民のこの苦しみは、そのままはねかえって、明日の都市人の生活をおびやかす禍根となることも、また明白である。

要は朝令暮改式の法律乱発と悪用によって悪い者、利口な者、権力者が得をするだけであって、農地は農民の手から離れて遠ざかるばかりである。

小作農民を守るために造られた農地法は、今や新たに農民志願をする者を、拒絶する楯とした役割しか果していないのである。

農地のことは、農民が一番よく知っており、農民にまかせておれば何一つの法律がなくても、時々場合の変化に応じ、適当に世襲すべき子がおれば子や孫にゆずり、ゆずるべき状態がくれば身を引いて隣人にその田を渡して、何のトラブルもおこさず、スムースに授受されていったであろう。

法律はなくてすめばない方がよい。法律は、なくても差しつかえない世を造るために、最小限度の法律が必要なだけである。

農地がないのではない。新たな農民志願兵にとって、本当に大地を耕す熱意と、基本的作業を身につけさえおれば、農地はどこにでもあるといえる。よい犬ほど道のないジャングルに飛び込んでいって、よい獲物をみつけてくるのである。

営農

農民志願兵が、土地を入手したとしても、果して自立の見込みがあろうか。数十年前まで、国民の七〜八割は、農民であり、五反百姓を営んでいた。五反百姓は、零細な貧農の代名詞であった。五反の田を所有していてさえ、乏しく飢えていたとすれば、一反百姓の営農はおぼつかなくなる。

だが、以前の百姓が貧しくて、飢えていたのは、その基盤となる土地が、狭すぎたということに由来するのではない。それは農民の責任ではなく、外部の要因によるもので、社会の機構、政治、経済の仕組に原因したものである。

一家族の生命をささえる糧を得るには、一反でよい。五反の田はむしろ広すぎる位である。

もし農民の心が豊かであり、善政がしかれていたら、貧しいどころか、五反百姓の生活は、王侯の暮しにも匹敵していたはずである。

その頃、百姓は、百品を作るといわれ、田畑では、米麦、雑穀を重点に作り、サツマイモや、多彩な野菜を豊富に作っていた。

防風林に囲まれた安全な家の周りには、いろいろな果物が実り、家の中心には一頭の牛が同居し、庭先では、犬に守られて鶏が遊び、軒には蜜蜂の巣箱がかかっていた。

各農家は、完全な自給体制を確立し、最も安全で、豊かな食生活を楽しめるようになっていた。それにもかかわらず、過去の農民が、乏しく飢えていたのは、土地が狭く、収量が低かったからではない。

その証拠に、戦後農民の耕作反別（注・田畑を一反ごとに分けること）は、増加の一途をたどり、五〇アールから一〇〇アール、二〇〇アールと増加したが、農地の増加とともに、農業を見かぎり、離農して行くものが増加した。今専業農家は、外国なみに五ヘクタール、一〇ヘクタールと規模を拡大して、ますます不安定となり、崩壊の危機すらまねいているのである。

諸外国は、農民一人当りの農地が、日本の数倍から十数倍もあるといっても、これは内情次第で、どのようにも解釈できる。

日本の国は狭いというが、農地として活用されている面積は、全国土の一割三分で、放牧地を含めても二割に足りない。

一番広い米国は、農民一人当りの農地が、日本の七〇倍もあるが、米国は農用地としては、全土の六割近くを利用しているのである。

かりに日本が、米国なみに、農用地を拡大したとすれば、土地からの生産額は、日本の方が五倍であるから、米国農民の八割の零細農民（二〇〜三〇ヘクタール）に比べたら実質的な所得は大差がないはずである。

一般に営農は、経済の立場からのみ論ぜられやすいが、経済的にみて重大なことが、農業の源流からみれば無意味であり、反対に軽視されていることが、むしろ重大な意義をもっていることが多いものである。

例えば、一般に営農の可否を、所得の多寡で決めようとするがその是非について考えてみよう。日本は世界で土地生産性、すなわち、耕地当りの生産額が最高であって、労働生産性、一人当りの生産額は最低で、所得が低いが、この事実に対して、このとき、経済学者の結論は、いくら一定の土地から多収穫をしてみても、一人当りの報酬料が少なければ何にもならない。経済的には、どうして労働生産性を高めて所得をあげるかを最後の目標とせねばならぬととく。

確かに、日本の農家は、世界で一番勤勉で技術が進み、多収穫しているが、土地が狭く経営の条件が悪いため、経済的にみれば、労働の生産性が低くて、割高の農産物になるから、外国産のものにたちうちできないとみられやすい。

したがって農業学者は、生産費が低くて、割安の外国農産物を購入する方が、商売としても得である。日本で農業をするのは、根本的に無理で、食糧は国際的に分業して、米国あたりで作ってもらえというのが、彼らの理論であり、それが現在の日本の農政の根幹となっているのである。

ところが、農業の本質は、もうけるもうけないは目標にならない。その土地をどんなに生かすかが最大の問題となる。自然の力を最大限に発揮せしめて上作をすることに目標をおく。それが、自然を知り、自然に近づく道でもあるからである。所得本位でなく人間本位でもなく、その田畑が主体である。自然の田畑が、自然の代理者であり、神である。神に仕える農夫なれば、彼の報酬は第二の問題で、田畑がよく豊かに稔れば、百姓はそれを喜び、満足できるはずである。

その意味からすると、日本の百姓は土地を生かすことに忠実であったから、世界で最も優れた農夫であったといえる。

五反百姓、一反百姓は、農業の源流の姿といえるのである。また、一反百姓論は貨幣経済からの脱出を目ざしているものである。

多収をあげながら日本農民の労働生産性が低かったということは誇りになっても恥ではなかった。低収入は農産物の価格が不当に安すぎたか、生産資材が不当に高く、生産費が割高になったことによっただけのことである。

ところが、農作物の価格を決めるのも、生産費になる資材なども、百姓が自ら決定するということは、今だかつてなかった。

日本の農作物の価格が高くなるのも、安くなるのもあなたまかせで、自家労力に対する報酬なども計算したことはなかった。またその必要もなかった。

ということは、百姓は、金を目的としているようにみえて、金には無縁であり、所得のために農業を営んでいたのでもなかった証拠である。

私が極言して、農作物に価格がいらないというのは、あっても百姓には無かったのと同じであるという意味と、自然農法に徹し、あらゆる科学的資材を使わず、自家労力を計算外にすれば、農産物の価格は零（ゼロ）となる。もし全世界の農民が、この考えに立てば、世界の農産物価格は、万国共通で同一になってしまうということである。すなわち価格無用論になろう。

価格は人為的に造られ、自然にあるものではない。自然はもともとただであって、無差別、平等でよかった。自然に金銭的価値はつけられない、本来自然の農作物には、貨幣は無縁のものであった。

日本の米も、タイの米も、農民の米価は同じでよい。キュウリが真っ直ぐだろうが、歪んでいようが、果物の大小にもケチをつけるべきではなかった。苦いキュウリ、酸っぱい果物にも別の価値があるはずである。

米国のオレンジを日本に輸入し、日本のみかんを米国に輸出する必要もなかった。各民族がその土地のものを食べ、その所を得て安んじる、それでよかった。貨幣経済が、無用の混乱をまきおこしただけである。

自然農法による農産物は、貨幣経済よりも、自然経済のもとで評価されねばならない。いうなれば新しい無の経済学が誕生せねばならない。無の経済学を樹立するとは、虚構の価値観を払拭し、農業の源流における真価を発掘するということになろう。

また無の自然農法は、この無の経済学や無の政治によって援護され、実践される。

自然農法による農作物は、原則的には、無価値、無報酬、無販売となろう。そうして、国民皆農の小農を柱とし、時と場合に応じ、委託栽培、請負耕作、助け合いの共同耕作等が行われ、ときどき小域内での青空交換市場が開かれる程度であろう。

戦後、日本農業は、経済活動の一環としてとらえられ、企業的職業として出発した時から、加速度的に、内から崩壊し始めた。根本的意義を見失った形骸の農業の荒廃は、すでに深刻な事態を迎えている。

今経済的な立場からの救済処置がとられようとしているが、今後せねばならぬ最大のことは、米価の値上げでなく、生産資材の値下げ、生産費の消滅でもない。労働生産性を高めるための省力化、機械化でもない。あるいは、流通機構の改革を図ることでもない。

これらは抜本対策にならないからである。解決のカギは「一切は無用であり、無為にして為す」という立場に、人々が立ち帰ることができるか否かである。

今、反転して、無の源流に還り、無の経済を推進することは容易なことではない。だが、外に手段はなく、為しうることは、何もしないようにするための無の経済学のもとで自然農法を実践するの一言に尽きる。

国民皆農、一反百姓はこのためのものである。日本人が回心し、復活するためには、広大な緑の大地は必要でない、わずかの田畑をえて耕す、それで十分である。

人間が、いろいろと智恵に迷い、無益なことをしてきたがために、この世が混乱した。

今為すべきことは、自ずから明白であろう。

無為に還る以外にない。

純粋、無垢の自然の懐に還るための帰農の道は、とざされてはいない。

（四）自然農法

自然農法とは

〝人間とは何か〟を模索していた頃、私の頭に、突然きらめいたものが凡てを解決した。……自然とは、名のつけようもない驚愕すべきものであった……一瞬の間に形成されたものは、いわば「無」の哲理であった。その哲理に出発して構成され、できたのが私の自然農法である。

しかし、最初私の念頭に浮んだことは、「自然に植物は生長する。人間もただ自然に従って生きてゆけばよい。作物を作る必要はなかった」という確信だけであった。

それから三十数年ただ一途に自然農法の道を歩んできたといっても、事実は一書を読むでもなく、誰をたずねるでもなく、ただぼんやりとした放心の日々の中に、時折り目にふれる自然の中に、見果てぬ夢を独り追ってきたにすぎなかった。もともと、この道は名の無い道であり、険しく細い、たずねる人もなく、たずねてくる人もいない孤独の道であった。

自然農法は、キリストや老子がまたガンジーも考えたであろう幻の農法であり、強いて説明すれば人智人為をすて、自然に従って、何もしないを最後の目標とする農法であるともいえるだろうが、そのために、完成された時はもはや何の足跡も残さないで、消え失せる農の道でもある。

したがって、幸か不幸か、今だかつて具体的にこの道には道しるべとなる何ものもなかった。

無手段の手段が唯一つの手掛りであるこの道において、一本の道標を期待するのは、無理であり、また建てるべきものではない。

だが、もともと自然の一員であり、神の分身であった人間は、自然からの分離、遠離が極限に達したとき、反転して大自然への復帰を希念せざるを得なくなるのも当然であり、その時期は迫っている。とすれば、今まで誰れにも見向きもされず忘れていたこの細い山路が、人間の歩むべき大道として再び見直されるであろうということも、理の当然である。

その時のために、後から来る人のために、道そうじをしておこうと私が考えるのも、人情として許されるであろう。

だが、ここに書く私の体験は、あまりにも乏しく未熟である。この不完全極まりない農法を、自然農法の骨格とすることは無謀でもある。

だからといって、自然農法の根源を覗いてもみようとしない人たちの無責任な専断邪法を放任もできない。

一部の学者は、近代の科学農法のゆきづまりから反省して、自然農法に興味を示し、科学農法の一部として補助的役割を果させようとする。

これでは一時的には、科学農法の歯止めとなり、あるいは併用されることがあっても、やがて科学農法の新たな飛躍への踏み台として悪用されたにすぎず、結果的には、自然農法を冒瀆することになるであろう。

自然農法は、根本的には科学農法の一分科でもなければ、科学農法に平行して、あざなえる縄のごとく、互いにもつれ合いながら併進してゆくものでもない。

すなわち、自然農法は、科学以前の立場に立つ所の農法であり、農業の源流を遡及することによって、初めて到達せられる農法である。したがって、自然農法は、科学農法の指標となることはあっても、科学の批判を受けるものではない。

時代を超越し、時、処をえらばず、不変不動の農道でなければならず、人間の原点にさかのぼった生活と密着して、永遠に続く所の農法でなければならない。

あえてここに、自然農法のひな型を示す。

自然農法による米麦作

私が今、自然農法による米稲作の基本的な栽培方式としているのは、緑肥草生の米麦作である。

緑肥（クローバー）草生の米麦直播法といって、私が発表したのはすでに十数年前のことであるが、最近ようやく一部の技術者の間で、検討が加えられ始めただけのもので、未だ一般には、耳なれない言葉であろう。しかし、近い将来日本の稲作に大きな第二の変革をもたらす材料となるだろうと、ひそかに私は確信しているのである。

近代日本の稲作で、第一の革命は、戦後開発された直播栽培であることは、何人も異存がないであろう。

ところが直播栽培というのは、日本でも古く、また現在南方の未開発の国でもみられるように、移植による田植の稲作りが始まる前の原始栽培法であって、その再検討、復活でもあった。

私は、自然農法の立場から、独自の方法をもって早くからとり組んできたが、その目標に一歩近づくものとして、戦後まもなく石灰窒素を施用した稲の不耕起平播直播を始めた。これは現在一般に普及している乾田直播の最初の原型ともいえるものである。

当時、不耕起で、平播で稲ができるとは、誰も考えられない時代であった。

その後さらに、農薬や肥料を拒否する方向に研究を進めた結果、自然農法の目標にかなうものとして、最も単純化された米麦連続不耕起、わら被覆直播という栽培方法を始め、これを自然農法の基本的型（パターン）とした。

この方法は、その後中四国等多くの農事試験場で検討され、連続して不耕起のままで、米麦を作ることの可否、わら被覆という根本的問題については、異論なく確認されるようになった。

ところが、さらに一歩を進めた研究が始まり、これが改善されるようになると、反転してこの技術の上に、さらに強力な新しい除草剤と肥料がつけ加えられるようになった。

だが、これは直播稲が、単に近代的で省力栽培の一つとして把握され、私の念願した方向から反転して、再びもとの科学的農法に帰ったということでもある。一般農家としては、除草が手軽くできることは夢であった。除草剤の開発を、一つの福音として受けとり、何の疑いもなく、この技術を受け入れた。

各種の除草剤や化学肥料を使った、米麦連続不耕起栽培（あるいは浅耕）は、今急速に全国に広がりつつある。すなわち、除草のためには、直播直後サターン乳剤を撒布し、さらに湛水後サターンS粒剤を散布し、さらに草が大きくなったときはスタム乳剤を撒布する。

しかし、科学を根本的に否定する私としては、これら化学的物質が以前にもまして土壌微生物を殺戮し、日本の土壌を荒廃せしめつつある現状を拱手（きょうしゅ）して傍観するわけにはゆかなかった。

完全な無農薬が私の念願であり、最後の難関が除草剤の廃止であったが、ようやく、緑肥草生の米麦連続不耕起直播という栽培方法によって、その望みをつなぐことができた。

この栽培法を、私があえてクローバー革命の米麦作と呼ぶのは、農薬や、肥料、大型機械を使用する科学的農法に対する、ひそかな対決を意図しているからである。

Ⅰ 自然農法の稲作

緑肥草生の米麦直播の型（パターン）

(1)緑肥（クローバー）草生、米麦連続不耕起直播

(2)緑肥（レンゲとクローバー）草生、米麦連続不耕起直播（米重点作）

(3)緑肥草生、米麦混播、越年栽培

播種時期による稲作の分類

越年栽培（十一月～十二月）米麦点播または混播（ばらまき）

冬播き（一月～三月）稲点播または散播

春播き

(イ)麦刈前（四月上〜五月中）散播

(ロ)麦刈後（五月下〜六月中）点播または散播

稲の籾は、十一月気温が低くなって年内に発芽する恐れがなくなった時期から、翌春の五月〜六月までの期間であれば、何時播いてもよいものである。ただ早く播くほど生育は旺盛になるが発芽率は悪くなる。

(1)緑肥草生（クローバー）、米麦連続不耕起直播

緑肥草生の米麦作というのは、クローバーやレンゲの中に、米や麦を直播する方法で、豆科植物と禾本科植物の共生栽培である。

クローバーは、一度播くと、少なくとも六〜七年は続いて繁茂する半永年性の豆科植物で、日本のどこでも、田畑、原野を問わずまた半湿田の所でもよく茂るが、湿地の夏季高温には弱く、高温時深水湛水すれば、数日で枯死する。

日本にある在来の白花種でもよいが、ラヂノクローバーが生育が旺盛である。一〇アール三〇〇グラムを散播すればよい。微細な種なので、指先につまんで、はじくようにして播き散らせばよい。秋はなるべく早く（九月上旬）播くほど生育がよく、春播きすれば初夏までには繁茂する。クローバーやレンゲのような緑肥は一〇アール四〇〇〇キログラムほどの生草量となり、直接有機肥料としての価値も高いが、土地を保全し、地力を増強してゆくので自然無肥料栽培に近づくこともできる。

●クローバーと麦の播種

秋十月、稲を刈り取る二～三週間前に、クローバーを、続いて麦の種を稲の立毛中に播いておき、稲刈りをし地干か架乾をする。脱穀、調製がすめば、直ちにできた稲わらを、長わらそのまま田全面にふりまいて、被覆しておけばよい。麦作りは、それで万事終りである。

稲刈り時には、クローバーは本葉が展開している程度に生育し、麦は一～二葉が出た程度になっておればよい。

播種が遅れ、クローバーや麦の生育があまり貧弱であると、稲刈り作業中の踏みつけや、厚い被覆で、枯死することがあるので、早場地帯などでは稲刈り直後か、直前に播種してもよい。

●稲の播種

籾は秋末、すなわち年内に播くこともできる。（越年栽培については後述する）また、翌春一～三月中の麦が小さい間に籾をばら播いてもよいが、発芽は四月中旬からであり、あまり早く播くと、トビムシやケラ、ネズミの害も受けやすく発芽率が悪いので、普通は四月に入り、麦の出穂後か麦の刈取り二週間前後に立毛の中に籾を散播しておくのがよい。

こうして麦の中に播かれた籾の発芽は、緑肥や麦の生育状況に支配されて遅くなるので、これらが密生している時は、麦刈後に播種したのと大差はない。また早生の裸麦（日出種など）を栽培している場合などは、五月二十日に刈れるので五月末には、籾を播くことができる。このような時は、麦刈り後、籾播きをしてもよい。この場合、普通栽培のものより一週間以上も生育は遅れるが、十分な収量をあげることはできる。

麦の成熟期にはクローバーが繁茂しているので、麦刈りと同時にクローバーも刈ることになる。麦刈りを終えると、その場に倒し、地干をし三日位で乾燥すれば、クローバーは乾いて、しなびてしまうので以後の作業に支障はない。麦を集束し、積み重ねておいて、脱穀調製するわけである。麦わらができたら、この全量を長いままで全面にふりまいておく。この敷わらの中から籾は芽を出し生育してゆくわけである。

稲作りの基本作業は、籾播きと、わらふりで一応終わりであるが、クローバーが再生して、発芽した幼苗を圧倒する恐れがあるので直ちに湛水せねばならない。そのため、麦刈りがすめば、畦ぬりをしていつでも湛水できる状態にしておく必要がある。

●灌漑法

稲栽培中最も注意を要するのは、灌漑方法で、クローバーを抑え発芽をうながすために、最初に一度湛水する以外はなるべく落水して、短大な稲を作るよう努めることが大切である。稲の前半はほとんど無灌水でもよいが、普通は一週間か十日に一度灌水する程度でもよい。幼穂形成期以後は間断灌漑を繰りかえし、出穂後は土中水分がなるべく八〇パーセント以上から一〇〇パーセントあるよう注意し、落水期も遅れるほど実入りはよいものである。

一口にいえば、稲の足下のクローバーが湛水で、黄色になれば稲の根も根腐れを起し始めた頃なので、落水して健全な根を出させ元気がでて再び繁茂しすぎるようになれば湛水するというふうに、クローバーの盛衰を目やすにして灌漑すれば、稲の根が腐ることなく、稲は最後まで健全な生育をして、病虫害の発生もないものである。

ただし、甚だしい漏水田で水もちの悪い田は耕起して籾を直播し水の掛け流しまるので不耕起も可能になる。

をせねばならぬ。しかし、緑肥草生と敷わらを続けておれば、次第に保水力が高

⑵緑肥（レンゲとクローバー）草生、米麦連続不耕起直播（米重点作）

冬は緑肥のレンゲと麦を、夏はクローバーと籾を播く方法で、稲を重点にした栽培方法である。

レンゲは、クローバーと同様よく麦類と共存共栄して生育する一年生の冬作緑肥で、秋播くと春にはよく茂り、生草量は多い。

レンゲは春花が咲くとともに、次第に成熟し衰弱してゆくので、レンゲ田の中に播かれた籾が発芽し、幼苗期に入る頃には、自然に枯死するのでその点では極めて好都合である。

すなわち、クローバーの場合は、稲の幼苗を助けるために、灌水してクローバーを抑制する必要があるが、レンゲの場合は刈り倒しただけでよく、またそのま

ま放置しても枯れたレンゲの中から籾が発芽するので、自然農法向きである。また灌水の必要がないので、用水の不自由な所や、畑稲を作る場合にも適用される。

●レンゲと麦播種

第一の方法とほぼ同様で、ただ稲のある内に、レンゲと麦を播いておく。麦は、実取りを重点にしないで、被覆用の材料わら取りが主目的となるので、レンゲと麦種を混合して、なるべく早く混播しておくのがよい。

●籾とクローバーの播種

籾は秋末から、翌春五月までの間で、いつでもよいわけである。

普通五月に、レンゲの花が咲いて、生草が最も多い時に、その中に籾とクローバーをばら播きして、レンゲと麦を同時に大刀鎌で刈り倒せばよい。この頃には、レンゲの茎は、倒れて重なりあっているので、籾をばら播いても、地面におちつかない。したがって丁寧にレンゲと麦を刈つて振り落とすようにしなければならない。

籾は、春先に播いてもよいが、鼠害などが多いので、むしろ秋末に播く次の越年栽培の型をとる方がよい。

麦は実とりができないことはないが、刈り取りが困難であり、稲を重点にして、レンゲと共に刈り倒せば、籾の被覆材料が豊かで、しかも麦わらが混入している方が、適度の空隙があって、籾の発芽率がよい。

籾に混ぜてクローバーを播種するのは、夏季の雑草対策になるからである。すなわち、クローバーは、籾と同時に発芽し、他の雑草に先がけて繁茂して雑草を抑える。もちろん、灌水すれば枯れやすいが、稲作の前半は、ほとんど無灌水で行った方が稲も健全で生育するので、滞水しなければ、クローバーはその役目を果たすことができる。

稲の幼穂期以後は、間断灌水を繰り返すことは、前記の方法と同様である。

⑶緑肥草生、米麦混播、越年栽培

前述の第一、第二の栽培方法で、播種期を年内に早め、越年栽培にすると、特別な配慮が必要になるので、ここに前法と区別して、その処置について述べておく。

籾は、春遅く、気温が高くなるほど発芽しやすく、早く播くほど困難になり、特に年内か秋末に播くと、発芽率は著しく低下する。

しかし、年内に播き、越冬して、発芽した稲は、極めて強剛で、旺盛な生育をして、多収穫が期待できる。

私は、先に、種子保護剤（塩化ビニールの溶液の中に殺菌殺虫剤を混ぜたもの）を塗布して播けば、越年栽培が可能であることを提唱したが（『無Ⅲ 自然農法』参照）、その後の研究では、必ずしもこれらの農薬を使用しなくても、野ネズミに注意し、田畑の乾燥を徹底して図ることで、目的を達することが判明した。

例えば、気温の下った秋末に、麦と籾を田一面にばら播いて、表面の土を掻きまぜるか耕耘機でかくはんして、レンゲかクローバーの種子を地表にばら播き、稲わらを被覆しておく方法である。

第二の方法は、稲のある中に、緑肥と麦を播き、遅れて不耕起のまま籾を地表にばら播き、わらで被覆する。この場合は、鳥獣に籾がひろわれやすいので、種子保護剤（低毒性の農薬使用）を塗布せねばならない。しかし、自然農法の立場からすれば、たとえ、一応低毒性のものであっても、避けたいので、これにかわるものとして、幼稚な方法ではあるが、次の粘土団子の種子を播く。

粘土団子の種子播き。種子量の約五倍量の粘土か、赤土を混合し、水を加えて、かた練り状態にし、篩（ふるい）状の金網（太目）から押し出し、一時乾燥させた後で、手の掌で押しもみをして、小指先大の団子を造る。一コの団子の中に、二〜三粒の籾が入っておればよい。

この粘土団子の種子を、緑肥や麦の中に、ばら播けば、接地していても乾燥しやすく、越冬して、翌春発芽するわけである。

粘土団子の造り方については、まだ工夫の余地も多いが、冬が来る前に、米と麦を混播しておいて、米と麦の二毛作を一挙に片づける方法としては、極めて省力であるばかりか、稲の多収も期待できるので、今後の展開を期待したい。

栽培管理

前記いずれの型の場合でも、稲作の栽培管理の面では、ほとんど同様である。最も大切なことは、作業は簡単で、わずかであるが、それだけきびしく確実に実行することがかんようである。

①緑肥や米麦を特に適期に均播にすること。
②種子、特に稲籾の発芽時には、水分関係と病虫害に細心の注意を払うこと。
③雑草は、特に発生の初期に観察して、種類によっては、深水湛水を行なうとか、ひろい草をするとか、臨機応変の処置をとらねばならない。米麦作の成否は、最初の十日か二十日でほぼ決定的となるものである。

以後の栽培管理としては、ただ灌排水が主であるが、用水管理は稲作の全期間、主要な問題であるばかりか、素人百姓の場合特に苦労する問題なので、補足しておく。

一般に、田植えをしている地帯の中で、このような特殊な栽培法をとる場合は、播種期や灌水時期が異なっているため、周囲の者と何かとトラブルがおこりやすい、特に用水路は共同管理のため、長い水路を独り勝手に早く水引きをすることは困難である。また周囲が乾田状態の時、たとえ灌水できても、周囲の麦田や耕起前の田に水もれして浸水して迷惑をかけることが多い。

大急ぎで、田の畦ぬりをせねばならないが、用水が断続するようだと、畦に亀裂ができて水もれし、また早く畦をつくればつくるほどモグラの穴に苦労するものである。

普通モグラの穴ぐらいと考えられやすいが、モグラは、塗りたての畦畔を縦に走って、一晩の中に、一〇数メートルもの長いトンネルを掘って一畦を目茶苦茶に荒すものである。

モグラが、縦に畦を貫通すれば、畦は弱くなり、ケラやミミズの穴からでも水がもり始め、そこから間もなく大きな穴があく。

畦畔にできる大小の穴を、見付けるぐらいは誰にでもできそうに思えるが、畦畔の上下の雑草が、いつもきれいに刈ってなければ（年に三度は刈る）穴の入口、出口が判らないで、大きな穴に拡大されて後、初めて気付くことも多いものである。

また畦畔に刈草やわら束が放置されたりしていると、必ずミミズが湧き、ミミズが湧くと、そこへモグラが集まってくるものである。

穴は外からみて、小さい場合でも、内部は広く縦横に拡がって、ほら穴になっているものであるから、一握りや二握りの泥土で、埋められるものではない。一晩ぐらい穴から土が流出したとしたら、これを補修するには、数一〇キログラムの土を運んでこなければならない。また軟かい土で補修しておいても一晩でぬけるもので、よほど堅練りでついておかねば完全に水を止めることはできない。中途半端な補修をして失敗を繰り返している間に高畦の畦畔が、大きく崩壊したりして、難儀をするものである。

モグラ退治には、いろいろな器具があるが、簡単な竹筒に弁をつけただけの簡単なものでも、モグラの通路で堅い所に設置しておけば、よく捕れる。ちょっとした秘訣があるが、上手にモグラを捕えるようになり、穴をふさぐことができ、田一ぱいに水をためられることができるようになれば、百姓も一人前になっている。

水の苦労を体験してみて、初めて自然農法の苦労と有難味がわかるのである。

近年、山間の高畦を、コンクリートの畦にしたり、ビニールシートを畦畔に張るようになった。これで簡単に水がためられるようにみえたが、コンクリートの低部やシートの下は、もぐらが棲むには好都合の所となり、二～三年もすれば、土の畦よりかえって始末のつかぬものとなる。結果的に、このような工法は、百姓を楽にはしていないのである。

結局、畦は、畦土で毎年つくりかえるのでよい。水もれしない畦をつくるには、まず鎌で、畦草を丁寧に刈り、窓鍬で、もとの畦を削り取り、さらに低部を地掘りで掘り起こし、水を畦ばたに引き入れ、三ッ鍬で砕土しながら粘り、板鍬で畦の方に土寄せをする（荒畦かけ）一時休んでから、おたふく鍬で塗りあげ（代畦）をするのが順序である。

田の畦ぬり作業の中では、古来からの日本の代表的な農具のすべてが使用されている。その簡素で、しかも洗練された農具によって、田の土の粒子の配列状態が、次々と能率的に変えられて行く過程をみれば、全く合理的で、土壌工学的にみても、高度の洗練された技術といえるであろう。

単純なコンクリートやビニールより優れているのは当然ともいえる。また上手につくられてゆく田の畦ぬり作業は、芸術的作品をつくるのと同じことでもある。百姓が、畦をぬり、泥にまみれて、田植えをする、その姿を、単に非科学的な労働としかみない近代人の視野から脱皮して、それを芸術的、宗教的仕事として把握するのが、自然農法の使命でもある。

それはとにかくにも、水を上手に治めることができるかどうかによって自然農法の稲作の成否が決まり、素人百姓が、定着するかどうかも決まるものである。

稲の収量

ここで自然農法の収量について言及しておこう。

自然農法は、化学肥料もつかわず、農薬も使用しないので、収量が普通作より劣るだろうと想像されるのであるが、やらねばならぬことを適確にやり雑草対策に成功すれば、優るとも劣らない収量をあげうるものであり、もちろん普通収量をあげるのは容易である。

ただややもすれば、粗放になり、放任栽培になりやすいので、収量のばらつきが多いのが欠点である。がこれも熟練するにしたがって安定化するであろう。

写真（口絵）の野生稲（南方系の古い種であろうが不詳）を栽培した結果を参考までにあげてみると、

一平方メートルに二五粒播きで、一二本平均になり、一穂に二五〇粒着生していた。

この品種は、小粒で一〇〇〇粒重を二〇グラムとして計算してみると、平方メートル当り一五〇〇グラムという驚異的な収量になる。これは反一トン取りの可能性を示す数字であり、一定面積に照射される太陽光線のエネルギーから換算される水稲の理論的最高収量にも近づくものである。

この成績は偶然的な成果でまだ実験的域を出ないが、それでも昔の品種で、しかも不耕起直播でこのような収量を目標として栽培できることが実証されたことは、自然農法をこころざす者にとっては、大きな力づけとなるであろう。

このような多収は、越年栽培による早播きをし、徹底した節水栽培で、稲の抑制を行って、強剛で、短大な理想的な稲を作りえた時などに可能であるが、これを普遍的技術にするのは今後の問題である。

Ⅱ 自然農法の麦作

日本の麦、麦作の現況について愚見を述べておこう。

従来の麦作は、秋稲刈りがすむと、その跡の田を鋤き起こし、畦立てをして、麦を播くのが普通であった。これは麦類は、一般に湿気に対し、抵抗が弱いと考えられるからであった。

このような麦播きは、容易なことでなく、耕起、砕土、播溝切り、播種、覆土、腐熟堆肥被覆をして、ようやく麦播きが終れば、すぐ年内に一番除草をし、新春早々から二番、三番除草をせねばならない。また除草を兼ねた中耕を行い、板鋤でとりあげる作業もする。さらに土入れ、麦踏みを数回くりかえし、最後の土寄せを終える頃から消毒を二回して、ようやく麦の成熟を待つわけである。寒中のこれらの作業を終えて、むかえる麦刈りは、一年中で、夏よりも一番猛暑を感じる五月の末である。

しかも少し熟期の遅い小麦や大麦は、梅雨期になるため、乾燥に苦労し、文字通り、火ぜめ、水ぜめの難儀をするのが、麦作りであった。

米国からの小麦輸入を防ぐ意味で、内地で小麦品種の改良がされて、小麦の奨励をされたのが、三十年ほど前のことであった。

大麦や裸麦の代りに、盛んに小麦が播かれたが、日本の風土には、パン用小麦は熟期が遅く、無理があり収量が安定しなかった。

ここ十年ほど前から、外国産の小麦や食糧が割安であるとの理由で、食糧や飼料は、外国依存の方針が中央からうち出されると、待っていたように、小麦作地帯の農家から、麦作は放棄されだした。

安くてしかも苦労の種の麦作を支えていたのは、金でも労力でもなかった。ただ冬の間も田を遊ばせておくのは、もったいない、惰農といわれたくはないという百姓魂が、日本の寸土を余すことなく耕やさしていたのである。

だから高い麦はいらないといわれ、麦の安楽死とか、のたれ死を望むというような言葉が指導者の口からもれるようになると、心の支柱を失って動揺した農民の物心両面の崩壊は予想以上に早かった。この五ヶ年ほどの間に、麦作は半減から、潰滅状態にまでなったのはその現れである。

三十年前ほとんど全食糧を自給していた日本が、昨年からカロリー実質食糧四〇パーセントを割るようになり、民族資源確保が問題になり始めて、慌てたように食糧自給が云々され、麦も再生産に向かって恐る恐る再び奨励されだしたが、果して農民の心は復活するだろうか。

内地の麦作無用論が流される頃、私は、外麦が安く、内麦は高いというが、外麦に対抗できる麦作り法がある。本来農作物の価格は根本的には、世界中同一であるが、それが国家間で、高くなったり、安くなるのは、人為的操作によるもので、農民のせいではない、と主張しつづけてきた。

田畑で、麦作ほど高いカロリーを生産する作物は少ない。米と共に、昔も今も、将来も作ってゆかねばならぬ作物であることに変りはない。

日本の田は、大部分が、ちょっとした工夫で、米麦が連続して作れるのであるから、米作りと麦作りが一体となった栽培を根幹にせねばならぬという姿勢を終始一貫とりつづけてきたのである。

このような考えのもとに、自然農法の麦作は、後記のような、米麦連続不耕起直播の型となった。

緑肥草生、米麦連続不耕起直播の麦作

麦の種類、気象の関係で、関西は裸麦を、関東は大麦を主体として、小麦は、従来のものより熟期の早い品種が普及するまで、自給程度にとどめておくのが安全と思われる。

麦作りの大要は、稲作りの中でも説明したので、作業順に注意事項をあげるにとどめる。

●排水、溝掘り

水稲期間中は、田に水が入って、普通は土が軟かく、泥状である。そのため稲の収穫期が近づけば、稲刈りに支障がない程度には、田面を乾かしておく必要がある。

そのためには、刈取り二～三週間前に水戸を切り開いて、落水をし、田の周囲の稲の一列を、掻ぎ三ツ鍬で、掘り起こし、内側に寄せ、排水溝を造っておかね

ばならない。

排水をよくするためには、丁寧に深くせねばならぬが、このためには、まず長柄の鎌の先で、条状に土を切り開いておいてから、稲の掘り起こしにかかり、さらに板・鍬で、溝の土をさらえておくのがよい。

このような排水溝を、麦刈後、田の中にも、四〜五メートルの間隔で、何本か設けておくと、半湿田の所でも、緑肥も麦も、よくできるものである。この溝は、一度造っておけば、稲作、麦作を通じ、排水溝として、永く使える。

●緑肥と麦の播種

緑肥や麦は、稲の立毛中に、頭からばら播きしておくと、適当の土壌水分があるので、容易に発芽する。すなわち稲の刈取り二週間ほど前に、クローバーの種子と、麦種を同時期に、あるいは混合しておいて混播してもよい。

レンゲも麦とよく共生するが、レンゲは麦にからんで立ち上るので、麦刈り作業が困難になることから、麦の実取りを目的とする時は使用しない。

種子量は、一〇アール当り、麦は五〜一〇キログラムを、クローバーは微細なので三〇〇グラムほどでよい。播種期が遅くなるにしたがって、多量に播く。

緑肥や麦は、早く播くほど、以後の生育はよいが、稲が茂りすぎているとき、あまり早すぎて、しかも雨が多く、田に水が湛えると枯れることがあり、また麦は、適期よりあまり早すぎると、春異常に早く、出穂して、寒害を受けることがある。

●敷わら

麦の発芽をよくし、あわせて冬草の発生を抑え、さらに田の土を肥やすために、是非、稲わらの被覆をする必要がある。

稲を収穫し、脱穀すれば、わらができるが、このわらを、長いままでよいから、全量を、田全面に、ふりまくわけである。

稲の籾播き直後麦わらをふりまくのも同様であるが、乾燥したわらを、一度雨にぬらすと重くなり（五倍以上の重さになる）、運搬できなくなるばかりか、カリ成分などはすぐぬけてしまうので、脱穀すれば、すぐ田にふりまいておくのがよい。

丁寧にしようとして、カッターや発動機を出したりしていると、手間がかかり、かえってわらを放置する結果となるものである。

百姓の仕事は、どんなさ細にみえることでも、綿密な、作業体系の中に組みこまれていることなので、天候が急変したり、ちょっと段どりが狂ったりすると、時期を失し、大きな失敗につながるものである。

脱穀直後に、稲わらをふりまくのであれば、軽く、どんなに乱暴にふりまいてもよいので、二〜三時間の短時間に仕事の片がつくのである。

これは一見、粗雑で何んでもないことのようにみえるが、生わらを田圃に敷くということは、稲作技術の上からみれば、極めて画期的なことであったのである。

稲わらは、以前は技術者の目には、稲病虫害の巣としてうつっていたから、堆厩肥として完全に腐熟せしめて後施用するか、稲熱病の第一次発生源をたつ意味で、かつて病理学者の提案で、北海道で、大々的に、稲わらが焼却されたように、焼きすてるかせねばならぬと考えられたのが技術者の通念であった。その頃生のままで田にふりまくということがどんなに危険で、無謀なことといわれたのは当然であろう。私はあえて堆肥無用を叫び、麦作には生の稲わらを、稲には、麦わらを、全量を、全面に被覆するという提案をした。しかしこれは、健全な強い、稲、麦を作ることを前提として、初めて成立する技術であるが、未だその健全米麦作ということに重点がおかれず、ようやくわずかに、できたわらの一部を、カッターで切断して、田に鋤きこむという消極的な技術によって、生わらの利用が奨励され始めた程度であることは残念である。

日本の田圃でできたわら類は、日本の田圃の土を守り、土を生かす、すなわち有機質肥料源としての最重要のものである。が、これをむざむざ焼きすててかえりみない風潮が、今日本全土に瀰漫（びまん）している。麦秋の候に、田圃に麦わらを焼く煙が、たなびいて平野を覆う風景をみても、これを疑問視するものがない。

数年前まではわら類を材料にして、堆肥を作り、土を肥やせと、堆肥づくりがどんなに苦労なものかを体験しない、技術者や、農業指導者によって、堆肥増産運動が展開され、今はまた大型機械によって、収穫作業が、一挙に片づけられるようになると、実をとった後のわらはあたかも、邪魔物のごとく、放置され、あるいは焼きすてられているのが現状である。

この生わら散布という一件が、日本の国土を守るか、荒廃さして行くかの、岐れ目であることを痛感する一人の農民も、技術者も、農政家もいないのであろうか。日本の農業の永続と革命は、こんなさ細なことから出発するのである。

麦の生産性

麦は播種と敷わらが主な作業で、麦の収穫期まで何もすることは無い。したがって麦刈りまでの労働はわずかに一〇アール一人役である。麦刈り、脱穀を入れても五人役で作れる。しかも収量は、一〇俵以上（六〇〇キログラム）をとることができる。

何の資材もつかわず、しかも一〇アール一人役で作れる麦作は、もはや栽培というほどのことではなく、日曜百姓の遊びであり、どんな大農場で作った機械化栽培の麦とも、匹敵できる麦作である。

日本の麦作が、割高であるとか、無用であるというのは、この点からみても当らない。また大型機械で、どんなに能率よく収穫作業をおえたからとて、人間は得をしていると考えるのも早計である。

一日働いて、米麦を作れば、一年間の生命の糧をつくることができる所まできているという事実を直視すれば、もはや米麦作で労働量とか、作業能率を論じたり、生産性を高めるための努力をする必要はもうなくなっているといえる。

貧しい中に収穫作業を天に感謝するお祭りさわぎとして喜んでいた古代の人々が偉いのか……収穫を機械で片づけて、報酬の多少に一喜一憂する近代人が賢いのか……いうまでもないが、その判断は、いずれがより多くの歓びと幸せを、米作りから獲得したかによって決まる。

収穫

麦が成熟した頃、足もとには、クローバが繁茂している。麦刈りを鎌でするとすれば同時にクローバーも刈るわけであるが、刈り倒して、その場に地干しすれば、三日ほどで麦は乾燥し、クローバーも萎凋（いちょう）してしまって、その後の脱穀、調製には何らさしつかえない。

麦が乾燥すれば、千交（十本ほどの稲わらを二つに分け稲わらを先で結んだもの）で束ね、積み重ねておいて、脱穀機にかけ、調製する。

脱穀機が、我国で実用化されたのは、戦後のことで、それまでは、千刃で、麦の穂をこぎ落とし、麦すり器にかけて、脱粒したのである。

千刃は、一日千束（小束の麦）の麦束をこぐことができると、考案された当初、驚異の目でみられた新兵器であった。

脱粒のための麦すり器も、今思えば、もっと簡単で、使い勝手のよいものができるはずである。

自然農法でやる小農の場合などは、このような簡単な、器具をつかった程度で、十分である。

麦秋の候、山畑で夜空を赤くそめる、麦の焼き落とし方法などは、昔の風物詩として消え去ってよいものではなく、むしろ簡素な脱穀法として、むしろ復活せしめ、さらに工夫をこらしていくべきであろう。

本来自然稲や昔の麦は、脱粒しやすく、その点では、調製もしやすかったのであるが、機械脱穀をするようになって、脱粒し難い品種に改良されてきたため、機械脱穀にたよらねばならなくなったともいえる。

今では、米麦の脱穀は、いよいよ大型機械に頼らねばならないもののように思いこまされているが、それは大型機械が、一見極めて能率的で、経済的にみえるからである。しかしその製作、整備に要する労力、資材、資本を計算すると、一般が考えているように、経済的でもなく、百姓が楽になるものでもない。厳密にみれば、根本的には＋－（プラスマイナス）＝0となっており、百姓は忙しくなるばかりである。

一口にいえば、農業の生産を高能率化するにしたがって（近視眼的にそうみえるだけである）、人間が受益すると思うのは錯覚にすぎず、かえって、人間の仕事を、機械が奪い、人間が疎外されるという結果をもたらすだけである。

これは単に、収穫時における機械化の問題だけでなく、科学農法による生産向上の技術、すべてにわたっていえることである。

肥料を施す、消毒剤を撒布する、除草剤を使用する、すべては、局時的に、あるいは局部的にみれば、生産は向上し、百姓を喜ばし、楽にしているように思える。だが長い目でみ、広い視野からみれば、必然的に土壌を悪化し、邪悪な食物を造ることにしか役立っていなくて、あとになってみると必ず大きな負担と苦しみを農家に与える結果を惹起しているのである。

うまい米作り運動が開始された時、私はうまい米は、**幻の米**に終わることを『無の哲学』（『無Ⅱ　無の哲学』第四章五、参照）の中で予言した。おいしい果物作りが、各地で呼びかけられた秋（とき）、それが、生産者や消費者の喜びになるより昏迷の美果の種となることについて説いた。

四季を問わないビニールハウスの野菜周年栽培の開発によって、虚妄の自然の中に人間が埋没してゆく姿は悲劇である。人間の向上をもたらすはずの科学的農法の発達が、農民の衰えを必然的にもたらすものである。（『無Ⅲ　自然農法』参照）

私の眼には、この世の中のすべてが、さかさまにみえるからである。正にそれは、顚倒想（てんどうそう）である。

人間のすること、為すこと、すべては、自然の目からみれば、逆行である。当然私は拒否せざるをえなかった。

人間が、してきたことは、為してはならぬことであったがゆえに、私は拒否してきた。

人間が為すべきことは、すなわち守らねばならないことは、何もしないということだけである。

しかし、人間が、何もしないようになるため、何もしない運動をせねばならないようである。

この書は、ただ、それだけを訴えるためである、ともいえる……

何もしなければ、この世は逆転する。

むすび

あなたが、この拙著や「無」三部作を、もし本当に読んでくれたのであれば、
次のことに明確な解答がでるはずである。
農業の源流とは何か、
林業とは、どうしたらよいか、
漁夫に、未来はあるか、
教師や、芸術家は、
政治家や、宗教家は、
商人や、企業家は、

果して、今、何を為すべきか、
これに答える具体案が、即刻あなたの頭に浮ばないのであれば、次の頁はあけないがよい。
智慧は、内より自ずから湧くもので、あまり外から知識を注ぎこむと、かえって智慧の源泉が涸れることを、私は畏れる。

私の結論は、

(1)農業は、自然食をとる**正食**、自然農法を実践する**正行**、自然の妙好人（みょうこうにん）となるための**正覚**を、同時に修練し、体得する場である。
したがって農業は、仏教でいえば、三密相応（口、身、意の修行を行って成仏する）の場であり、キリストの三位一体を具現する場である。
(2)林業の革命は、単純樹種の人口造林を中止し、自生する自然の樹を愛護し、樹種の自然循環に沿った愛林活動を始めることから出発する。

少なくとも、すなわち自然造林に徹することである。山は近視的な木材資源観から脱出して、巨視的に、緑の守護神として敬慕されねばならない。

(3)漁業は、今近海漁業から、遠洋漁業に移り、補獲漁法から、養殖漁業に向っているが、これこそ源流からの脱落であり、無為自然の漁法に還るべきである。補獲漁法の改良や、人工養殖技術の開発は本末顚倒になる危険がある。手づかみ漁業に還るため、自然漁法の開発推進こそ目下の急務である。

もともと農、林、漁業は、切り離して考えるべきものではなく、陸、海、河川を一帯とした巨視的構想のもとに、愛農、愛林、愛畜、愛魚活動を統括して展開することによって、緑の山、清い川、青い海はよみがえり、豊かな稔り、湧くような豊漁も期待できる。これ以外に地上天国を達成する方法はないのである。このことは、絶対真理であるがゆえに、その実現を確信することができる。

私は、

教師には、無教育の教育の発掘に期待し、

美術家には、無作為の芸術に還ることを警告する。

政治の要諦は、どこまでも、「為さざるを以て貴（たっとし）とする」の一言につきる。医者と病人と、軍隊がおらず、警察官がのんびり暮し、官公吏が暇で、商人の腰が低くなり、法律の収縮、消滅を政治家が真剣に考えてくれる時代がくることを願望している。

人類は、発達、膨張の極限から、次第に崩壊の終末に近づいている。私があえて、夢想と思われる、原始、源流の人間生活を強調するのは、いわば、ノアの箱舟造りである。

それは、人類が収斂（しゅうれん）、凝結の新しい未来の夜明けを迎える前に、くぐらねばならぬトンネルかも知れない。

人類の復活は、復帰から始まる。

真実を知らずして……
　　　　　真実を語るな
為すべきことを知らずして……
　　　　　行うな
心なきを知らずして……
　　　　　思い惑うな

人、知らざることを知れば
　　自ずから自然に還る

付・I

自然農法による果樹園

「何もしない百姓」を目ざす百姓がやる農法が自然農法であるが、自然農法は人間の目標に対して最短距離をもって直結するところの農法であると確信するのである。

やることの多いのが、為すことの多いのが人間の誇りになるのではない。道草をしないで真直に生きていこうとするものにとっては科学的農法もまた無益となるのである。

私はここにあえて自然農法なるものを提唱した。

一般の科学的農法に対抗し、挑戦しようとする道でもある。

「文明に反逆して、自然に帰れ」と絶叫するのと同じかも知れない。無謀かも知れない。蟷螂(カマキリ)の斧かも知れない。しかし一人の百姓にできたのであれば、他の者にできないはずはない。もし多くの百姓が実施したとすれば、問題は百姓の間だけにはとどまらない、世の中は一変する。

満水した池の水が、一匹のアリの穴によって干上がることもある。

百姓がただ鍬を投げ出すだけでよいのだ。

無除草、不耕起、無肥料、無農薬、無剪定という「何もしないですむ百姓」を目ざす果樹栽培の実際の姿に考察を加えてみよう。

開　園

自然農法のすべては開園のときに出発し、決定せられる。

普通、山林を伐採して開墾せられるが、この時、人々は切り倒した木の枝や葉はもちろん、掘り起こした木の根、草の根はすべて集めて焼きすてる。そうして何度も鍬で打ち起こしては整地して、チリ一つないようなきれいな畑にする。

これは科学的にみても、有機物や腐植の重大な損失であろう。このために後になって果樹園内に塹壕を掘って粗大有機物埋没という困難な作業もせねばならなくなるのである。

自然農法では当然このような開墾作業はしない。

切り倒した木の葉も枝も、できれば何一つ畑から外には持ち出さないようにする。

そして等高線に、一定の間隔で、果樹の苗木を植える、ちょうど山林に杉や桧を植えるように、ただそれだけである。

しかしここで考えねばならないことは、果樹の品種を選択する場合に、普通農法で優良な品種が自然農法では必ずしも優良品種にはならないことである。生長が旺盛な品種も自然農法で困る場合もおこるであろうし、品質不良でかえりみられなかった品種が、自然農法で優良となる場合もあるであろう。

全く新しい立場での再検討が必要になるわけである。

次に問題になるのは、一般に果樹は接木された苗木が用いられるが、自然農法でも台木（砧木）に接木された苗がよいのか、実生の苗がよいのかが再検討されねばならない。

普通、接木苗が用いられる理由は、接木をすれば結果が早くなるとか、品質のよい果実を多量に実らせることができる、成熟期が早くなるなどというのが大部分の理由である。

しかし接木をすれば、その接合部で樹液の流動が阻害される。そのため、地上部の生長は抑制せられ、木は矮性化し多肥栽培をせねばならず、木の樹命が短くなるというようなことも明瞭な事実である。

問題は、台木に接木された苗を移植して、人手間をかけて盆栽作りのような抑制栽培を行って一年でも早く果実をとるのがよいか、種を播いて実生のままで木を育てて雄大な自然樹の形で気長く栽培を続ける方がよいかである。

山林の切り跡に杉を植えた状態に果樹を植えたのであるから、雑木の芽や、雑草が繁茂するのは当然である。

したがって当分は山林用の下刈鎌をもって年に一〜二回は下刈りする必要がある。

作業らしい作業はそれだけでよいが、次に主要な問題として整枝のことを考えねばならない。

すなわち台木に接木をした苗を移植した場合に問題になるのであるが、一度根と幹が中途で剪除されるために、そこから不自然に無数の枝が出て混乱をひきおこす。

このまま放置すると木の一生は不自然となって苦労せねばならなくなるから、一日も早く自然の樹形に近づけるために、不自然に発生した芽を早く掻きとるがよい。

ごく最初に、自然形にひきもどした整枝をすることができれば、その木は長く無剪定でゆける。したがってこの最初の一芽や二芽をかく作業は極めて重大で、その上手、下手で一生の樹形を決定し、事実上の無剪定か剪定かの別れ道となり、園の運命も左右することになる。

一～二年経つと雑木よりも雑草の繁茂の方が目立つようになり、管理にも不便になる。この時期に緑肥として巨人（ラジノ）クローバーを播種するがよい。

二～三年経つと雑草がクローバーに次第に駆逐されるようになり、切り株から出る木の芽も少なくなる。開園後五～六年で園の地面全体が巨人クローバーに被覆されて美しい公園のようになる。

この頃にはたいていの木は、主幹が無傷ですくすくと伸びた場合は三～四メートル以上の円錘形の雄大な樹に生長して、次第に果実が成り始める。結果し始めると木の生長にも変化がおこり、枝も自然に開張して収穫にも便利になってくる。

この時期までは、柿、栗、夏橙、みかんなどの果樹は無除草、不耕起、無肥料、無農薬で十分生育するが、果樹が成木に達して、木と木が接触し始める頃になると、土壌中の有機物が減少し始め、土地は固くしまり、土壌中の空気の孔隙量（すき間）がなくなって木の生長が衰えることがある。

このような時にはクローバーの中にさらに、ルーサンのような深根性の緑肥を追播するとよい。また時にはモリシマアカシアのような豆科の肥料木を混植することも自然状態への復帰、土の若返りを計る意味で面白い。要は常に自然状態から離脱した方向へ転落しないよう心がけておればよいわけである。

以上は最初から、自然農法を目ざして開園した場合のことであるが、一般にはすでに、科学農法にたよって、きれいに草をけずり、肥料をやり、耕し、薬をかけている、いわゆる清掃農園となっているわけである。

この清掃農園の中に自然農法をとり入れたらどうなるかが一つの問題となるであろう。

普通三十〜四十年経た成木園では、長年の風雨にさらされて、最初の表土は一応流亡してしまい、土は固結して、腐植もなく、微生物も住まず、全く死んだ土となり、土地の深部の孔隙（すき間）も少なく見るかげもない老衰土壌となっているのが普通である。

このような園の土壌の若返りを、樹勢の回復を計る根本策は、草生栽培によって表土の流亡を防止し、次第に肥沃化を計る以外に方法はない。

草生栽培の根本的な目的は土を自然状態にして、自然の力で失った地力をとりかえそうということにある。

したがって最も手っ取り早い方法は雑草栽培でもよいのでないかと考えた。ところが実際に雑草栽培を試みると、最初は表土が流れてやせてしまっていたためか、アレジノノギク、アゼスゲ、チガヤなどの草のみしか生えなかった所も次第に雑草の種類が増してきた。

冬はハコベ、春はツユクサ、夏はメヒシバ、エノコログサなど禾本科の一年生雑草も次第に密生し始め、さらにヨモギ、イノコヅチ、ギシギシなどの越年生、多生性のもの宿根性の雑草なども盛んに生え始めた。

しかし、こうなってみると、畑の中に足の踏み入れるところがなくなってきだす。みかんの木よりも高くアレジノノギクやヨモギがぬきでるようになり、また、ツル性のヒルガオなどが根元や枝にまきつき、木の間には大小さまざまの草が繁茂して歩くのにもいろいろな農作業にも差しつかえるようになった。

もちろんこの間には土壌は団粒化し、次第に黒変もし、土の若返りになっていたことは確かである。特に土壌中の空気孔隙量の多いと思われる所や階段ほど、雑草の繁茂が多く（平坦で土のしまっている所は少ない）雑草の繁茂の多いところほど、土壌の若返りは進んだ。

しかし土壌の団粒化も、裸地の耕耘された畑よりはましであっても、土壌の深部までの土壌改良は無理であった。

そして各種の作業にさしつかえる雑草栽培では、なんとしても一般の百姓は納得しない。清掃農法になれている百姓にとって、雑草を生やすことは、あらゆる農業技術を放棄することにもつながるので、猛烈な反対がおこるのも当然であった。

私は雑草のかわりに他の草を用いる。すなわち毒は毒をもって制するの諺どおり（雑草は毒ではないが）草をもって雑草におきかえることに着手した。草も、土壌に空気中の窒素をとって固定してくれる根粒菌をつける豆科の植物を主として選んだ。

緑肥でしかも雑草の圧倒力の強いものを選出することに重点をおいての試作を

終戦直後から続けてきた。

豆科、十字科の植物約二十種をもって草生栽培を試みたが、いづれも一長一短があり一時的にうまくいくようにみえても、数年続けるといろいろの障害から失敗におわるものが多かった。

最後に残った巨人(ラジノ)クローバーによってのみ、ほぼ実用価値が認められたので、その間の事情を述べてみる。

すなわち雑草と緑肥類との争闘状況を観察した模様を述べてみる。

緑肥が雑草を駆逐していく状態を観察してみると、第一に旺盛な繁茂で雑草を被覆して圧倒していく場合と、第二は緑肥は繊細でも密生して雑草の種子の発芽や、初期の生育を阻害するため、次第に雑草が消滅していく場合がある。

第一の性状をもつ緑肥の雑草駆除効果は、一時的効果におわることが多く。

第二の集落性の強い、また多年生のものほど効果をあげていく。また第一と第二の両方の性状をもって駆除効果をあげるもののもある。

クローバーについて想う

私は果樹園の草生栽培を思いたってから十ヶ年で、ようやく一応満足のできる結論を得た。

その結論はただクローバーの種を播く、小さいケシ粒のような種を播き散らすただそれだけであった。

だがこの小さい種子の中に、農事改革の秘密がひそんでいると思うのである。クローバーを播いた第一の目的はそこにある。

百姓の生産と生活の向上のために、昔からいろいろの人々によって議論がたたかわされ、いろいろな意見がでた。技術の面から、経済の面から、また政治の面から……しかし百姓は何も言わなかった。言えないのは百姓の生産活動は複雑な要素の上に立っており、すべての事柄が交錯し、結合していて手のつけようのないことを熟知しているからである。

一事は万事に通ずる。一事の改革も農家では万事の改革なくしては達成できない。また一事が解決すれば万事は解決するのである。

その一事とは何か、最初の出発点をどこにおくのか、どうして、いつ、だれが……百姓が探し求めているのは扉の鍵であるのに、技術者や学者や政治家は、出発点の扉のことは何も言わず、部屋の中に飾られた料理の説明のみをするのである。

私は打開の扉の鍵をクローバーの種としたのである。

果樹園をクローバーで覆い尽くす、もちろん無除草、無肥料、不耕起、無農薬の自然農法である。水田の米麦もまた自然農法をとり、主労働の耕耘作業や除草作業はやめ、施肥も減少せられていく。農家が最初に獲得するのは時間的な余裕である。

第二の目的は自然の力を利用して一年一年蓄積する農業とすることである。従来の農法はもうける農法であった。もうけていると思われる果樹栽培でも果してもうけていたであろうか。五十年百年をふりかえって、精密な収支決算を出してみると不思議に自家労力賃を除くと零となっているのである。

その根本原因は、地上部は生長していたが、土地は一年一年雨水で流されて流亡し、五十年で完全に表土がなくなって土地がやせてしまっていたことにあると思われる。

地上部は太り、地下部はやせていた。地上部はもうけているようにみえても、地下部で損をしていた結果、一生たってみると零であったということになったのである。

どんな傾斜の少ない所でも一ヶ年に三ミリの土は流亡する。その重さは約四〇キログラム、肥料分にすると硫安二、三俵である。

十年で四〇万キログラムの土、五十年で二〇〇万キログラムの土を谷川に流しているのでは、百姓が貧乏するはずである。

百姓がもうけているつもりで、根本的にはもうけにならない仕組みになっていることに気付かない限り百姓に芽が出ることはないであろう。

クローバーはほとんど完全に土壌の流亡を防止し、その上に年々腐植が増し、肥沃化し、地力ができていく。地上部の果樹が生長すると共に年々地力が蓄積されているとき、百姓は年々本当は豊かになることができるであろう。

自然に反抗し、自然の力を無視して、百姓の人間の力で作物を作っている間は本当のもうけはない。ただ化学肥料が変化して果実になったにすぎない。百姓はい工場の生産者同様一加工業者にしかすぎないのである。他の物価とのつり合いかんでもうけたり損をしたりしているにすぎない。

真のもうけは人為をつかわず自然にできた、生育した、自然に実った分のみである。

街から硫安という原料を運んできて、果実という加工製品を街に運んで生きていく、一商人にすぎない百姓は、自ら生き豊かになるすべを忘れて、一学者や、一政治家の手腕によって豊かになろうとしている。

自ら生き、自ら豊かになる自然力利用の第一の出発点としてクローバーの種を播いた。

これが第二の目的であった。

第三の目的としてあげられることは、クローバーは家禽や家畜の飼料としても優秀なものとして利用できるという点である。

鶏の飼料として与えれば飼料代の三、四割の節減ができる。綿羊や山羊や豚を放牧したり、乳牛の飼料とするとクローバーの価値は非常に高い。

クローバーを飼料として利用する場合には巨人クローバーの中に、赤花クローバーやエン麦、オーチャードなどの禾本科の牧草を混ぜて播いておけば申し分ない完全な飼料となって、山羊や乳牛は濃厚飼料をやらなくても楽に飼える。

たとえば乳牛五〇〇キログラムの体重で、一日二〇リットルの乳を出すには、巨人クローバー四〇キログラムとエン麦四〇キログラムの青草のみを与えて飼育ができる。

巨人クローバー一二キログラムは濃厚飼料のフスマ四キログラムに相当し価格は後者の一割にも足りないであろうことを思えば家禽家畜は当然クローバーを主体とした飼料で飼われるべきであろう。

巨人クローバーのもつ意義

私はみかんや柿園に、自然農法の出発点としてクローバーを播いた。しかしこのクローバーはただ単に土を肥やし、果樹を育てるだけがその目的ではない。クローバーを食べて山羊や乳牛が乳を出す、その乳で人間が育つ、牛の厩肥が土に還元され、微生物によって分解されて果樹に吸収される。その果実を人間が食べる……というふうにすべてが循環して自然は成り立っているということを把握するという意義の方がより重要である。

自然界では、すべてが関連し、何一つ不要なものはなく何一つ孤立したものもない。自然には必要とか不必要という言葉はない、すべては同一体の一部にしかすぎない。

ただ人間のみが自然と一体となることに服従しない。しかし人間が自然界で唯一つの例外とうぬぼれるのは、本当に人間が自然の一部であることを知ろうとせず、知ることもできないがためである。

自然は一つである。牛も雛もクローバーもみかんも土も微生物も、すべては自然の懐に還る。還ることを忘れ独り歩きするのは人間のみである。人間の苦労は人間が独り歩きすることによって始まる。

人間の独り歩きは人間が「知る」「知り得る」と思った時から始まる。人間が知る、そして雑草と緑肥とに分別する。土の中をのぞいて微生物と肥料分とに分けるなどなど……から出発する。分別と分解がすべての苦労への始まりである。とすれば我々が為すべきことは、為してはならないということを知ればよいのである。見たり知ったりすることが悪いのである。自然を知って自然を信頼すれば足りる。

したがってクローバーを雑草から分離して知り、クローバーを播くことを第一の出発点としたが、よくよく注意せねば、これも便宜上の出発点にしかすぎないから……、錯誤の第一歩となる危険があるのである。クローバーは人間を自然の懐に導く扉の鍵だと私はいったが、自然の懐に入ってみれば自然の入り口は一つではなかった。四方八方が破れ放題の扉である。

だがこの四方八方破れ放題、無相の相を人間は見ることができない。

クローバーから出発して自然の懐に還り、自然の懐からクローバーを再度ふりかえってみる。「クローバーとは何か」この時のクローバーはもはやクローバーを観察することによって知ることはできない。

名無きクローバーである。ラジノとか巨人とかの名のクローバーではない、クローバーを見出して播いたときが、百姓が本当にクローバーを播いたときである。心にもクローバーを播き得たときである。

名無きクローバーを畑に播く、野原に播く、街にも播く。クローバーはすべての人の心の中に播かねばならないものなのである。


（昭和三三年一〇月一日発行　私家版『百姓夜話』より抜粋）

付・Ⅱ

野菜の野草化栽培

自然農法による野菜作りは、まだ組織的な追及がなされているとはいえない状態である。特に市場に出荷して売買される自然食品の野菜ということになると、それは容易なことではない。

問題は生産者の側はもとより、市場や消費者の側にもあり、話が大きすぎるので、ここでは割愛して自家用野菜ということに限って話を進めておこう。

自家用野菜を作る場合、まず考えられるのは、自宅の周辺に一アールの畑をもって、五、六人家族の野菜をまかなうという場合と、広い原野を利用しての野菜作りである。第一の自家用野菜の作り方を一口にいうと、堆厩肥などの有機物を施して作った肥沃な土壌に、適期、適作を行なうということにつきる。この時、堆厩肥や人糞などを施用することに疑問を抱く人があるが、答は簡単明瞭である。自然の生命は、動物（人や家畜）と植物と微生物（土）の間を次々と循環しているにすぎない。この状況を注視することで了解されるであろう。

動物は植物を食べて生き、動物が日々排泄した糞尿やまた寿命がきて倒れた死骸は、土に埋まって地中の小動物や微生物の食糧になる（これが分解され腐る現象）。地中で繁殖した微生物も次々と死んで今度は植物の養分として根から吸収される。三者は一体であり、共食であり、共存共栄である。それが自然の輪廻であり、自然の正常な秩序である。

ただこの時人間のみは、自然の動物であって、異端者であるともいえるから、人間を不浄の動物とみれば、人間のみは除外されて自然の輪廻の外に放り出されねばならぬことになる。だが正常な人間は哺乳動物の一種として、またその糞尿も正常な自然の一部として自然の営みの中に参加することが許されるはずである。

事実、昔の素朴な農家の軒先で、あるいは土人の社会では、自然の理法にかなった型の自家野菜が作られていたのである。庭先の果物の木の下で子供が遊ぶ。その糞を豚がきてつつき、土を掘り返す。その豚を犬が追っぱらう。人がその肥えた土の中に野菜の種をまく。野菜がみずみずしく成長すると虫がつく。鶏が来てついばむ。その鶏の卵を子供が食べる。このような風景は、十数年前の日本の農村のいたるところで見られた情景であった。このような風景が、実は最も自然に近く、しかも無駄のない最も合理的な生活だったのである。

私は高知県の南部の田舎を回っていたとき、確か白田川付近ではなかったかと思うが、農家の庭先の野菜畑で遊ぶ異様な数羽の鶏に強い興味を覚えたことがあった。その鶏は真黒で、脊(せき)がへしゃげていた。形はむしろ鳥に近く、ピョンピョン飛んでも土を掻き探すことをしないのである。したがって野菜の根元を掻いて荒らすということがないのである。たぶん鳥と鶏の合の子であったのだろう。今どうなっているか……このような鶏やチャボのある種は自家用野菜の害虫対策にはもってこいであろう。

野菜の病害は、健全な土作りと健全な作り方で防げるが、害虫は手で捕えねばならぬことも多い。しかし捕殺だけでは間に合わないこともある。こんな時鶏の放し飼いは立派に役目を果たしてくれるだろう。

このような粗放な野菜作りを、非合理的な原始農法とみるのは大間違いである。この頃清浄野菜を作る目的で、ハウス内で土を使用しない野菜作りが盛んである。すなわち礫耕、砂耕、水耕、液肥栽培の類で、栄養を含んだ水を灌漑したり、吹きつけるだけで作るやり方である。もし害虫がいない無菌的に栽培されているというだけで清浄野菜と考えるならばとんでもない間違いである。人工による化学物質を栄養分とし、ガラスやビニールを通した日光の下で、人工的に作られた野菜こそ最も非科学的で不完全な食品であり、それこそ不浄野菜といわねばならなかったのである。自然の中で、虫と微生物と動物の合作によって作られた野菜こそ、真の清浄野菜である。

野菜の野草化栽培というのは、私が勝手に名付けた名前であるが、それは原野や果樹園内、また堤防や荒蕪(こうぶ)の空地などに野菜類の種をなんでもばら蒔いておくだけのやり方を指すのである。

問題は播種時期で、よい時期に、よい機会をつかんで、雑草の中に多数の種類の種を混ぜてばら蒔いておくだけであるが、案外立派な野菜ができるものである。秋蒔きの野菜類は、夏草が成熟して枯衰し始めた時で、まだ冬草が発芽し始めていない時がよい。春蒔きの野菜は、冬の雑草の繁茂が峠をすぎ、春、夏草の発芽する前がよい。雑草の中にばらまかれた種子は、枯死前の雑草が被覆材料となっていて、一雨あると草の中で発芽する。ただこの時思うような量の雨がないと、一度発芽したものが翌日の天気で枯れることもある。だから二、三日雨が続くと思われる日に蒔くことが秘訣になる。特に豆類などはこの点で失敗しやすく、またグズグズしておれば鳥や虫の餌になってすぐなくなってしまうものである。

野菜の種は、たいていのものは発芽しやすいもので、また生育も一般に考えられているよりは旺盛なもので、雑草より先に発芽させておけば、雑草より先に繁茂して雑草を圧倒するものである。秋、菜類や大根、かぶなどは多量に蒔いておけば冬草や春草の発生を防止する効果を十分あげることができるものである。

ただ果樹園内では、春までおくと、とうが立ち、花が咲くようになって、畑の作業に支障を来たすようになるが、所々に残しておけば花からできた種子が落下して、付近一帯に六、七月再度一代雑種の菜類が沢山生えてくるようになる。もちろんこの場合に生えてきた野菜は、もとの最初の野菜とは大分おもむきの変わった合の子の野草化された野菜になって、たいていは巨大なお化けのような野菜になる。カラシ菜と黒菜の合の子、シャクシ菜とタカ菜、大根と菜類の合の子など、お化けの野菜畑ができる。食用には人間の方が圧倒されて尻ごみをするのであろうが、食べ方によればむしろ風味もあり、興味もある食品になる。

土壌の条件にもよるが、やせた浅い土の所などでは、大根やかぶは地表に転がるような型でできることもあり、人参やごぼうは根毛が多く節くれだって太くて短いものしかできないこともあるが、強烈な風味のある点では野菜らしい野菜ともいえる。

ニンニクやラッキョ、ノビル、ニラなどは一度植えておくと定着して永年化する。

春蒔きの野菜の中で、雑草の中に蒔くには豆類がよいが、その中でもササゲ、カウピー、モンゴピー、メナガ小豆などが一番たやすくできて収量も高い。エン豆、大小豆、菜豆などは野鳥に拾われやすく、よほど早く発芽させないと失敗する。

トマトやナスのような軟弱なものは、最初は雑草にまかれて負けやすいので、苗をたてておいて雑草の中に移植する方が無難である。トマトやナスは一本仕立てなどにせず、放任して倒れたら倒れたままで叢生栽培（ブッシュ）をすればよい。起こして支柱を立てたりせずにおけば、地面を這った茎の各所から根を下ろし、多数の茎を箒状に立てて成長し結実するものである。

茄子科の植物ではあるが、馬鈴薯（ジャガイモ）は一度果樹園の中に植えておくと、その場所に毎年できるようになって、地上を一、二メートルも這って強大な生育をして雑草に負けないものである。ちょうど里芋やこんにゃくと同様で、小いもだけを掘って食べるようにし、多少掘り残しておけば、種切れすることはない。

キュウリなどはなるべく地這いキュウリがよい。ウリやカボチャ、スイカなども同様であるが、幼苗時だけは雑草から守ってやらねばならぬが、少し大きくなれば強い作物である。これらには枝付きの竹か薪のようなものをその場所に振りかけておけば、つるはそれに巻きついて登り、成育の面でも結実の上からもよい手段になる。

山芋や自然薯は果樹園の防風林の足下で十分に育つ。樹に巻き付いて登るので割合大きな芋もできて楽しいものである。

野菜の中にはホウレン草や人参などのように発芽しにくいものもある。これらの種子は、木灰を混ぜた粘土にまぶすとか、粘土団子にして播くというようなわずかな工夫が必要であろう。

とにかく以上のような野菜の野草化栽培は、広い休閑地とか空地利用が主目的であって、単位面積での多収を目ざすと失敗しやすいことを考えていなければならない。それはたいてい病害虫の被害によるものである。一般に野菜は同一種類のもののみを集団で作るという不自然さを犯すと必ず病虫害の被害を招くものである。混植されて雑草と共に共存共栄さすという形になると、その被害はわずかで、特に農薬を撒布せねばならぬというようなことはない。

野菜ができない所は雑草もできないのが普通で、雑草の種類とその成長量をみれば、その場所がやせているか、特別な欠点があるかも分るものである。その欠点を自然に解消せられるような無手段の手段を探すのが自然農法である。

（昭和四七年四月二五日発行　私家版『緑の哲学　自然農法の理論と実際』より抜粋）

父、正信の生誕百年におもう

父、正信の生涯を私なりに思い起こしますと、いろいろのことがありました。私が高校生の頃は、よく洋画を一緒に見ました。子煩悩だったと思います。また、田んぼやみかん畑、山林にも父と行って手伝いや遊んだり、今、思うと、自然に親しむようにされたと思います。

大学を卒業する寸前、近所のおじさんが「お前が家を継がなければ家はなくなるぞ」と言われ、後継ぎになりました。

父とは、いっしょに農作業をしましたが、普通の家と違う作業ばかりで、意見は時々、異なりました。

そんな父はときどき「気が違った」と言われたと思います。

ある時、父は私に、

「絶対正しいと思う道を、歩かなければ、ならない。

楽な道を選ぶことのできない自分は苦しい。

小鳥のように、歌を唄って一生を送れたらいい」

と言ったことを、はっきり、記憶しています。


現在、私と妻、息子夫婦、それに実習生三人、パートさん六人で、できるだけ、父の農法に近い農業を営んでいます。

父の思想は多くの人達に、賛同され、応援してもらって、晩年は、幸せだったと思います。

最後まで側にいてもらった一人、斎藤裕子さんは、結婚され茨城県で、父の言ったとおりの自然農法で一反百姓を実践しています。

彼女が大切に持っていた本、『緑の哲学　農業革命論』を斎藤夫妻の強い希望で生誕百年を記念に再版したいと思います。

福岡　雅人

福岡正信さんとの囲炉裏と種蒔きの日々

〈国民皆農〉を理想とし、「ああしなくてもよかった。こうしなくてもよかった」耕さず、肥料や農薬も使わず、草は草で抑える、人知無用の〝自然農法〟を、一九三七年から提唱し実践し続けた、自然農法の創始者・福岡正信さん。著書『自然農法・わら一本の革命』（一九七五年初版）は二十数カ国語に翻訳され、日本のみならず世界中に今なお影響を与えている。海外で最も知られる日本の民間人、粘土団子による砂漠緑化で世界をまわった……。

何かと海外での活動にスポットが当てられ「活動家」のように紹介されるこ

とが多かったが、田畑に座り込み「頭をからっぽにして、何も考えないで、こうして稲刈りでもしておれば、わしは充分幸せじゃ」と喜びを隠さない「お百姓」の姿こそ、福岡さんだった。

「世界中の小農民達に、自然農法が、現代の商業活動とその有害な結果に対し、実用的かつ環境に対し安全で、恵み豊かな代案を提供するものであることを実証していること」(『自然に還る』より抜粋)がマグサイサイ賞受賞(一九八八年)の理由であり、いつも百姓の味方だった。

福岡さんとの出会いは一九九六年。私は学校を卒業し、紙漉き職人を目指していた。和紙作りは、田んぼの周りに植えられた和紙の原料である楮(コウゾ)を、稲刈り後に刈り取り、紙にする冬の農閑期の仕事だったと、職人さんから聞いた。田畑をしながら和紙が漉けたら……。

そんな思いをいだいていた時に、友人から贈られたのが『わら一本の革命』だった。この日本に「老子」が生きていらっしゃるんだとうれしくなった。

東京渋谷で行われた福岡さんの講演会で配られた資料に「海外指導員若干名募集。自学自習できる方」とあった。家に帰ってすぐに手紙を書いたが、ポストに投函できず一週間が過ぎた。

意を決して手紙を送った翌日「すぐ来てください」福岡さんからの電話だった。


伊予の自然農園での囲炉裏暮らしが始まった。雨漏り屋根の修理、沢から引いた水のパイプの修繕、火のおこし方……住を整えるのに一ヵ月かかった。

電気・ガス・水道のない山小屋で、淡々と日々を送っていた福岡さん。大きな胡桃の木で覆われた「風心亭」、藤と梅に囲まれた「小心庵」、うっそうと生い茂る木々の中、ひっそりおがたまの木の咲く「哲学道場」、囲炉裏がよく似合っていた。

「時計を捨てなさい」。日の出とともに目覚め、ススで真っ黒になったヤカンに沢からの水を注ぎ、火をおこし、湯を沸かす。一日の始まりの福岡さんの仕事。

晴れたら晴れた日の百姓仕事。雨が降ったら雨降りの仕事。始めもなく、終わりもない。締め切りもなく、期限もない。働かされる時計のない「囲炉裏の生活」と「種を蒔いて自然に仕える暮らし」があった。

子どもでも、力の弱い者でも、機械に頼らず、鎌一本でできる「一反百姓」の生き方。

山小屋には多くの見学者があり、福岡さんは長鎌を杖に山を案内する。訪問者には丁寧にこの山の歴史を語り、囲炉裏でお茶を一服。

「なぜ、君はここに来たのかね」。

「人生に悩んでいます」

「道を探しています」

「自然農法に興味があって」……

想いはさまざまだった。

「一人でもやる、という腹は決まっておるのかね。決まってないなら帰りなさい」。

いつも最後は厳しい口調になった。それだけ、覚悟を決めて自然農法を実践することを、皆に望んでおられたのだろう。

菜種梅雨には春の種蒔き。柿の新芽が雀くらいの大きさになったらゴボウやニンジンの種蒔き。秋雨には秋の種蒔き……。いつも〈自然〉に働かされていた。

「この目の前の自然さえ、わしはわからん。何が、どこに、どれだけあったらよいのか。この囲炉裏端から、いつも眺めておるが、いよいよ手出しができん」。

福岡さんと最後にお会いしたのは二〇〇五年の愛知万博。その時発表した「いろは革命歌」の「ほ」は、

「本当の智慧は無分別　善いも悪いもない無心無為　無一物でよい世界を造る智慧」

万博のテーマ「自然の叡智」の「智」は「智恵」でなく「智慧」であると講演された。

夫と一緒にお見送りした時、福岡さんは作務衣のポケットから、お米の種籾を一粒出した。できたばかりの新しい空港には、砂利で敷き詰められたイミテーションの竹林があった。

「この米をここに蒔いたら、どうなるかのう」。

ちょうど大豆の種をそこに蒔いたばかりの私たちは驚き、そのことをお話し

したら、ニコッと笑った。
それが、福岡さんと直接お会いして交わした、最後の会話となった。

今、私は茨城で、夫と二人の子ども家族四人で「一家族の生命を支える糧を得るには、一反でよい」一反百姓の暮らしをして八年が経つ。自然に仕える小さな暮らしにどれほど近づいただろうか。

鎌一本、鋸一つ、手足腰〈五感〉を使う野良仕事をすれば病気知らず。野草、山菜、野に育つ穀物、野菜を食して医者いらず。

田のドジョウ、畑の草が先生で、ここが学校、青空教室。山林はエネルギーの宝庫。「一年目は人が蒔き、二年目は鳥が蒔き、三年目は自然が蒔き直す」甘夏、胡桃、柿、栗、梅、桃、桜……いろいろな果樹の種子も蒔いた。

二年前の二〇一一年三月十一日に起きた原子力発電所の大惨事——当時、私の二人の子どもは三歳と生後まもない二ヶ月だった。子どもたちが生まれ育った茨城の地を、家族そろって離れることも考えたが、とどまり、ここで一反百姓を続けることを選んだ。

日本というこの国は、その後反省もなく、ただ時間だけがすぎていく。何の解決もないまま、ますます混乱するこの時代に、今こそ、福岡正信さんの提唱・実践されてきたことが再認識されなければならないと、切に感じている。

福岡さんは、よくおっしゃっていた。

「人間のすること為すことに、価値はない。そのことを証明するために〝自然農法〟と言ってみたり、〝粘土団子〟と言ってみたりしたが、そうしたことさえ間違いのもとじゃった」。

自然農法は単なる農業技術ではない。思想や哲学、研究で終わらせてはならない。

私たちは皆、福岡さんに無為の百姓道〈一反百姓〉の道を照らしていただいた。福岡さんの蒔いた種子は、あちらこちらに、どこにでも落ちているから、あとは根を張るばかりです。

福岡さんが生前出版を望んでおられたこの書を、多くの人々に、特に福岡正信さんを知らない若い世代の皆さんに、何度も何度も読んでいただきたい。

世界中の皆が、土に向かい、農にたずさわり、本気になって種を蒔いたら、あらゆる問題が解決できる。

〈国民皆農〉、みんな百姓にな～れ！

種の力を信じ、一反百姓になる人が、ひとりでも多くふえることを願っています。

二〇一三年二月二日

一反百姓「じねん道」**斎藤　裕子**

一反百姓　自然に仕える暮らしと仕事

伊予の福岡正信さんに結婚のあいさつにうかがった時、妻・裕子は「博嗣さんは、坂本龍馬とゴッホが好きなんですよ」と私を紹介した。

福岡さんは、「ほーう、その両方を合わせ持つということは、どういうことかのう……」としばらく何か考えていらっしゃる様子だった。

龍馬は、「世の中の　人は何とも　言わば言え　我為すことは　我のみぞ知る」という歌を詠んだ。

少年時代、学生時代、会社時代、会社から独立した時代と、自分をごまかさずに生きる道を探し続け、東京で育ちすごした私の三十年間。

中学卒業の時、有島武郎『生まれ出づる悩み』の読書感想文に「生まれた以上は、命ある限りいろいろな壁に体当たりしたい」と書いた。

会社時代「斎藤、俺こんなオーダーメイドのスーツが着られるようになって幸せだよ」と言った同僚の幸福感に、全く同意できない自分がいた。

会社を辞めた後、NGO主催の地球一周の船旅に乗船した時、六〇〇名の日本人同士（私もその一人）の会話は、結局「議論」に対する「議論」の繰り返しに思え、世界というより日本という国を改めて考えさせられる旅だった。寄港地のキューバで大切にされている哲学であり教育方針は、「朝にペンを持ったら、午後には耕せ」だった。

学ぶこと、働くこと、生きること……。自分を不安にさせる、お金・時間・情報・社会、すべての物事から自由でありたい。

自由であるためには、欲するものを少なくして、欲するものは自分でつくる。体を大事に、無事に過ごす。何事も時間がかかる、時間をかける。解決を急がない。

自由になるためには、自立することだ。

これまで身につけてきたことは、生きる上でほんとうに必要なことだったろうか……、この当時も道を迷っていた。

〈人は何かを為すために生まれてきたのか〉。

愛読していた本『無Ⅲ　自然農法』に、福岡さんから言葉を頂いた。

無為無心

子供心で作れば
どこでも
こんなに出来るのに
何故大人は負けるのか
作るほどだめになる
自然が作らず
人が作るから

小心

二〇〇五年、土の上にある百姓暮らしを求めて、東京から茨城の農村へ移住する年となった。

あれから八年、百姓仕事の中で手足でできる範囲が、等身大の自分であるという安心感を得ている。私にとっての自由になるための自立とは、動くことから、とどまることへ、お金や時間に換算することから、等身大の歩幅の小さな暮らしへ。わずかな田畑で、家族の生命を支える糧を得る、一反百姓の生き方だった。

「種はまんべんなく、まばらに蒔くんだよ」

五歳の彩葉（いろは）と二歳になったばかりの風禾（ふうか）、二人の子どもと一緒に野良仕事をしていると、大人には仕事でも、子どもにとっては節分の楽しい豆まきのようにばら蒔いたり、時にはドサッと一ヶ所にまとめて種を捨て蒔いたりする。

コンクリートの上だろうと、水たまりだろうと、家の中だろうと、どこでもお構いなしに種を蒔き散らす。まさに無為無心、農作業というより芸術活動だ。ところがどっこい、大人が蒔いてなかなか発芽しないような種が、思わぬ所から育つのだ。

ゴッホは、「未来の芸術は、たとえ我々が自分の青春をなげうっても、死後においてしか報われぬほど、美しく若々しいものであるにちがいない」と書き残した。

私にとって一反百姓は、一日二十四時間を自分のこととして過ごす自学自習の生き方であり、永続可能な未来の暮らしと仕事である。一反は単なる三〇〇坪＝一〇〇〇㎡という広さを表す単位ではなく、無尽蔵の時間と空間が展開される野良である。

一反百姓は、決してスローライフではない。農村のつきあい、都会者の新規就農の壁、住まいの修繕、子育て奮闘、農産物の現金化（生活上必要最低限の税金等の支払い）などなど。労多くして実入りの少ない苦労話は、この紙面では書ききれないくらい、もう思い出せないほど、てんてこまいの日々である。

暮らしが仕事・仕事が暮らし。何よりも家族との時間を大切にしたい。お金を稼ぐためとはいえ、会社に自分の時間を切り売りしたくない。

テレビ・パソコン・携帯電話に「つながれる」生活から独立した、かけがえのない自分と向きあう時間。偉大なる大自然に根ざした農村空間で営まれる、一反百姓という家庭自給生活は、農的ワーク・ライフ・バランス（自然と仕事と生活の融合）を実現する暮らしである。

福岡さんがこの本の底本となる『緑の哲学　農業革命論』を発表された一九七四年は、私の生まれた年である。

『人間が、色々と智恵に迷い、無益なことをしてきたがために、この世が混乱した』。

何度も何度も読み返す中で、人間が引き起こす複雑にみえる問題は、四十年近くたった現在も変わらず未解決のままなんだなと愕然とする。

自然に仕える暮らしと仕事・一反百姓を実践する人が一人でも増えて〈国民皆農〉を実現することが、人間がつくりだし、人間がかかえる世界規模の多くの難問を解決する、唯一の道だと私は信じている。

何もしない運動。「人は何も活躍する必要はなかったんじゃ」と福岡さんの声が聞こえてくるようだ。

人は、何かを為すために生まれてきたのではなかった。生きているだけで、何もかも素晴らしいはずなのだから。

一反百姓の道を覚悟を持ってすすむ方へ、農への「入口」ではなく、自分自身の「出口」を探している方へ、私が羅針盤としている福岡さんのこの言葉を贈りたい。

一　自分自身の始末ができる者

二　他人への奉仕のために生きるということは、自分への奉仕もできないということを知っている者

三　何がしたいのかという明確な意志を持ち、どの手段を選ぶべきであるかを考えている者

四　うちに燃えるものを持っている者

この『自然農法　一反百姓のすすめ』が、地球という故郷（ふるさと）が失われている今の時代に、土に還ろうとする一人ひとりにとって、自らを治め・地に従う、自学自習の書となることを切望します。

二〇一三年二月二日

一反百姓「じねん道」　**斎藤　博嗣**

後記――改版に際して

本書は、昭和四七年（一九七二年）四月二五日発行、私家版『緑の哲学　自然農法の理論と実際』の第二版が、昭和四九年（一九七四年）七月に再版された際に、追補として出版された私家版『〈別冊〉緑の哲学　農業革命論』昭和四九年八月一日発行を底本とした。

底本には、今日から見れば不適切と思われる表現があるが、時代背景や作品価値を考え、著者が故人でもあるので、そのままとした。また、著者の後年の実践に鑑みて、そぐわないと思われる箇所は削除した。

用字用語については読みやすいように若干の訂正を施した。すなわち、「漸く、先ず、其の」等の漢字をひらがなとし、また一部ひらがなを漢字に直し、できるだけ現在の読者に読みやすいように配慮した。注についても必要に応じて括弧内に付加した。

付・Ⅰ「自然農法による果樹園」は、昭和三三年（一九五八年）一〇月一日発行私家版『百姓夜話』より、付・Ⅱ「野菜の野草化栽培」は、昭和四七年（一九七二年）四月二五日発行私家版『緑の哲学　自然農法の理論と実際』より抜粋編集した。

編集にあたっては、福岡正信の哲学（思想）・実践が、より正しい形で若い読者に一層親しまれることを願った。

今年二〇一三年は、福岡正信の生誕百年の記念すべき年にあたり、福岡自然農園（愛媛県伊予市）の福岡雅人氏に快諾いただき、本書の出版が実現した。改版に際しては、春秋社の神田明会長、澤畑吉和社長、鈴木龍太郎氏には、貴重なご助言とご協力をいただいた。

皆様に、心よりお礼申し上げます。

本書をきっかけに、福岡正信の全著作が、あらためて読み直されることを切望します。


（斎藤博嗣・裕子）

著者紹介

福岡　正信（ふくおか・まさのぶ）
1913年、愛媛県伊予市大平生まれ。1933年、岐阜高農農学部卒。1934年、横浜税関植物検査課勤務。1937年、一時帰農。自然農法を始める。1939年、高知県農業試験場勤務を経て、1947年、帰農。以来、自然農法一筋に生きる。1979年、訪米以後世界各地で粘土団子による砂漠緑化に取り組む。1988年、インドのタゴール国際大学学長のラジブ・ガンジー元首相から最高名誉学位を授与。同年、アジアのノーベル賞と称されるフィリピンのマグサイサイ賞「市民による公共奉仕」部門賞受賞。1997年、地球環境保全に貢献した人に贈られるアース・カウンシル賞の初の受賞者に選ばれた。2005年、愛・地球博（愛知県）が最後の講演となった。主著に『自然農法　わら一本の革命』『無Ⅰ　神の革命』『無Ⅱ　無の哲学』『無Ⅲ　自然農法』『自然に還る』『〈自然〉を生きる』『わら一本の革命《総括編》粘土団子の旅』『DVDブック　自然農法　福岡正信の世界』（いずれも春秋社）。2008年、逝去。

緑の哲学　農業革命論――自然農法　一反百姓のすすめ

2013年5月20日　第1刷発行
2025年6月15日　第7刷発行

発行者＝小林　公二
発行所＝株式会社春秋社
〒101-0021　東京都千代田区外神田2-18-6
電話　(03)3255-9611(営業)　(03)3255-9614(編集)
振替　00180-6-24861
https://www.shunjusha.co.jp/
印刷・製本＝萩原印刷株式会社
編集協力＝一反百姓「じねん道」斎藤博嗣・裕子
装　幀＝鈴木　伸弘

ISBN 978-4-393-74154-2　C0310　Printed in Japan
定価はカバー等に表示してあります